21世纪高等学校规划教材

单片机原理及应用

张西学 陆强 主编

田娟 张春玲 副主编　杜海涛 赵学良 王红梅 参编

21st Century University
Planned Textbooks

人民邮电出版社

北 京

图书在版编目（CIP）数据

单片机原理及应用 / 张西学，陆强主编. —— 北京：
人民邮电出版社，2012.9
21世纪高等学校规划教材
ISBN 978-7-115-28481-5

Ⅰ．①单… Ⅱ．①张… ②陆… Ⅲ．①单片微型计算
机－高等学校－教材 Ⅳ．①TP368.1

中国版本图书馆CIP数据核字(2012)第157989号

内 容 提 要

本书介绍了单片机的发展过程，并以80C51单片机为主要对象，以汇编语言和C语言为主要编程工具讲述了程序的设计方法与技巧，本书还系统地介绍了80C51单片机的结构和原理以及接口技术，并以实例讲解了单片机的应用。

本书具有较强的实用性，内容由浅入深，配有习题，可作为高等院校计算机、电子信息、通信工程、自动化及生物医学工程等专业单片机课程的教材，也可作为从事测试和智能仪器、仪表等工作的工程技术人员的参考书。

21世纪高等学校规划教材
单片机原理及应用

- ◆ 主　　编　张西学　陆　强
  副 主 编　田　娟　张春玲
  参　　编　杜海涛　赵学良　王红梅
  责任编辑　董　楠
- ◆ 人民邮电出版社出版发行　　北京市崇文区夕照寺街14号
  邮编　100061　电子邮件　315@ptpress.com.cn
  网址　http://www.ptpress.com.cn
  北京艺辉印刷有限公司印刷
- ◆ 开本：787×1092　1/16
  印张：11.75　　　　　　　　2012年9月第1版
  字数：290千字　　　　　　　2012年9月北京第1次印刷

ISBN 978-7-115-28481-5

定价：28.00元

读者服务热线：**(010)67170985**　印装质量热线：**(010)67129223**
反盗版热线：**(010)67171154**

前　言

　　目前，51 系列单片机在我国的各行各业得到了广泛应用。在我国大专院校的电子信息专业、计算机专业、智能控制专业、自动化专业、电气控制专业、机电一体化专业、智能仪表专业及生物医学工程专业均开设了单片机课程。这是一门理论性、实践性和综合性都很强的学科，它需要模拟电子技术、数字电子技术、电气控制、电力电子技术等作为知识背景，同时本学科也是一门计算机软硬件有机结合的产物。本书是教学一线教师多年理论教学、实验教学及产品研发经验的结晶。在教材编写过程中，始终将理论、实验、产品开发三者有机结合，从单片机最小系统开始，逐步扩展功能，从小到大，从简单到复杂，给学习者一个系统的完整的清晰的学习思路。

　　本书采用实例和软件仿真方式编写，使知识通俗易懂，直观明了，能帮助初学者尽快入门，使有一定基础者熟练深化。

　　本书由张西学教授主编和统稿。陆强编写第 1 章和第 7 章，田娟编写第 2 章和第 5 章，王红梅编写第 3 章，张春玲编写第 4 章，赵学良编写第 6 章，杜海涛编写第 8 章。

　　由于作者水平有限，书中难免有错误和不妥之处，恳请读者批评指正。

编　者

2012 年 5 月

目 录

第1章
绪论

单片微型计算机是 20 世纪 70 年代初期发展起来的，它的产生、发展和壮大，以及对国民经济的巨大贡献引起了人们的高度重视，下面对单片微型计算机进行全面、概括的叙述。

1.1 电子计算机的发展概述

1.1.1 电子计算机的问世及其经典结构

1946 年 2 月 15 日，第一台电子数字计算机 ENIAC 问世，这标志着计算机时代的到来，如图 1-1 所示。

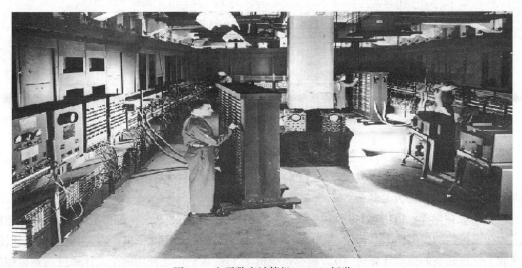

图 1-1 电子数字计算机 ENIAC 问世

ENIAC 是电子管计算机，时钟频率仅有 100kHz，但能在 1 秒钟的时间内完成 5000 次加法运算。它与现代的计算机相比有许多不足，但它的问世开创了计算机科学技术的新纪元，对人类的生产和生活方式产生了巨大的影响。

匈牙利籍数学家冯·诺依曼在方案的设计上做出了重要的贡献。1946 年 6 月，他提出了"程序存储"和"二进制运算"的思想，进一步构建了计算机由运算器、控制器、存储器、输入设备和输出设备组成这一计算机的经典结构，如图 1-2 所示。

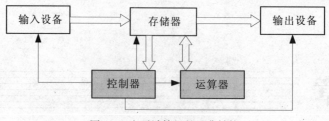

图 1-2　电子计算机的经典结构

电子计算机技术的发展，相继经历了电子管计算机、晶体管计算机、集成电路计算机、大规模集成电路计算机和超大规模集成电路计算机 5 个时代。但是计算机的结构仍然没有突破冯·诺依曼提出的计算机的经典结构框架。

1.1.2　微型计算机的组成及其应用形态

1.　微型计算机的组成

1971 年 1 月，Intel 公司的特德·霍夫在与日本商业通信公司合作研制台式计算器时，将原始方案的十几个芯片压缩成三个集成电路芯片，其中的两个芯片分别用于存储程序和数据，另一个芯片集成了运算器和控制器及一些寄存器，称为微处理器。

微处理器、存储器加上 I/O 接口电路组成微型计算机。各部分通过地址总线（AB）、数据总线（DB）和控制总线（CB）相连，如图 1-3 所示。

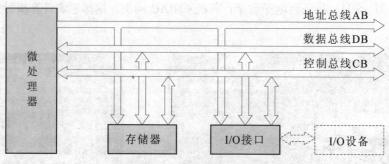

图 1-3　微型计算机的组成

2.　微型计算机的应用形态

从应用形态上，微机可以分成以下 3 种。

（1）多板机（系统机）

将 CPU、存储器、I/O 接口电路和总线接口等组装在一块主机板上（即微机主板）。各种适配板卡插在主机板的扩展槽上并与电源、软/硬盘驱动器及光驱等装在同一机箱内，再配上系统软件，就构成了一台完整的微型计算机系统（简称系统机）。目前人们广泛使用的个人计算机就是典型的多板微型计算机。

（2）单板机

将 CPU 芯片、存储器芯片、I/O 接口芯片和简单的 I/O 设备（小键盘、LED 显示器）等装配在一块印制电路板上，再配上监控程序（固化在 ROM 中），就构成了一台单板微型计算机（简称单板机）。

单板机的 I/O 设备简单，软件资源少，使用不方便。早期主要用于微型计算机原理的教学及简单的测控系统，现在已很少使用。

（3）单片机

在一片集成电路芯片上集成微处理器、存储器、I/O 接口电路，从而构成了单芯片微型计算机，即单片机。

三种应用形态的比较如图 1-4 所示，图中从左到右为系统机、单板机和单片机应用形态。

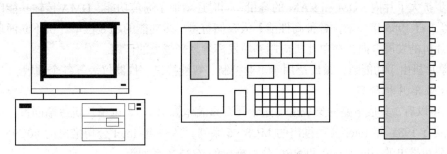

图 1-4　微型计算机的三种应用形态

系统机（桌面应用）属于通用计算机，主要应用于数据处理、办公自动化及辅助设计。单片机（嵌入式应用）属于专用计算机，主要应用于智能仪表、智能传感器、智能家电、智能办公设备、汽车及军事电子设备等应用系统。单片机体积小、价格低、可靠性高，其非凡的嵌入式应用形态对于满足嵌入式应用需求具有独特的优势。

1.2　单片机的发展过程及产品近况

1.2.1　单片机的发展过程

单片机技术发展过程按照单片机数据总线位数可分为 4 个主要阶段。

1. 4 位单片机阶段

自 1975 年美国德克萨斯仪器公司（TI）首次推出 4 位单片机 TMS-1000 后，各个计算机生产公司竞相推出 4 位单片机。例如美国国家半导体公司（National Semiconductor）的 COP402 系列，日本电气公司（NEC）的 μPD75XX 系列，美国洛克威尔公司（Rockwell）的 PPS/1 系列，日本松下公司的 MN1400 系列，富士通公司的 MB88 系列等。

4 位单片机主要用于家用电器、电子玩具等。

2. 8 位单片机阶段

1976 年 9 月，美国 Intel 公司首先推出了 MCS-48 系列 8 位单片机以后，单片机发展进入了一个新的阶段，8 位单片机纷纷应运而生。例如，莫斯特克（Mostek）和仙童（Fairchild）公司共同合作生产的 3870（F8）系列，摩托罗拉（Motorola）公司的 6801 系列等。

在 1978 年以前，各厂家生产的 8 位单片机由于受集成度（几千只晶体管/片）的限制，一般没有串行接口，并且寻址空间的范围小（小于 8KB），从性能上看属于低档 8 位单片机。

随着集成电路工艺水平的提高，在 1978 年到 1983 年期间集成度提高到几万只晶体管/片，因而一些高性能的 8 位单片机相继问世。例如，1978 年摩托罗拉公司的 MC6801 系列，齐洛格（Zilog）公司的 Z8 系列，1979 年 NEC 公司的 μPD78XX 系列，1980 年 Intel 公司的 MCS-51 系列。这类单片机的寻址能力达 64KB，片内 ROM 容量达 4～8KB，片内除带有并行

I/O 口外，还有串行 I/O 口，甚至某些还有 A/D 转换器功能。因此，把这类单片机称为高档 8 位单片机。

在高档 8 位单片机的基础上，单片机功能进一步得到提高，近年来推出了超 8 位单片机。如 Intel 公司的 8X252、UPI-45283C152，Zilog 公司的 Super8，Motorola 公司的 MC68HC 等，它们不但进一步扩大了片内 ROM 和 RAM 的容量，同时还增加了通信功能、DMA 传输功能以及高速 I/O 功能等。自 1985 年以来，各种高性能、大存储容量、多功能的超 8 位单片机不断涌现，它们代表了单片机的发展方向，在单片机应用领域发挥着越来越人的作用。

8 位单片机由于功能强，被广泛用于工业控制、智能接口、仪器仪表等各个领域。

3. 16 位单片机阶段

1983 年以后，集成电路的集成度可达十几万只晶体管/片，16 位单片机逐渐问世。这一阶段的代表产品有 1983 年 Intel 公司推出的 MCS-96 系列，1987 年 Intel 公司推出的 80C96，美国国家半导体公司推出的 HPC16040 和 NEC 公司推出的 783XX 系列等。

16 位单片机把单片机的功能又推向了一个新的阶段。如 MCS-96 系列的集成度为 12 万只晶体管/片，片内含 16 位 CPU、8KB ROM、232 字节 RAM、5 个 8 位并行 I/O 口、4 个全双工串行口、4 个 16 位定时器/计数器、8 级中断处理系统。MCS-96 系列还具有多种 I/O 功能，如高速输入/输出（HSIO）、脉冲宽度调制（PWM）输出、特殊用途的监视定时器（Watchdog）等。

16 位单片机可用于高速、复杂的控制系统。

4. 32 位单片机阶段

近年来，各个计算机生产厂家已进入更高性能的 32 位单片机研制、生产阶段。由于控制领域对 32 位单片机需求并不十分迫切，所以 32 位单片机的应用并不很多。

需要提及的是，单片机的发展虽然按先后顺序经历了 4 位、8 位、16 位的阶段，但从实际使用情况看，并没有出现推陈出新、以新代旧的局面。4 位、8 位、16 位单片机仍各有应用领域，如 4 位单片机在一些简单家用电器、高档玩具中仍有应用，8 位单片机在中、小规模应用场合仍占主流地位，16 位单片机在比较复杂的控制系统中才有应用。

1.2.2 单片机产品近况

1. 80C51 系列单片机产品繁多，主流地位已经形成

近年来推出的与 80C51 兼容的主要产品如下：

* ATMEL 公司融入 Flash 存储器技术的 AT89 系列；

* Philips 公司的 80C51、80C552 系列；

* 华邦公司的 W78C51、W77C51 高速低价系列；

* ADI 公司的 ADμC8xx 高精度 ADC 系列；

* LG 公司的 GMS90/97 低压高速系列；

* Maxim 公司的 DS89C420 高速（50MIPS）系列；

* Cygnal 公司的 C8051F 系列高速 SOC 单片机。

2. 非 80C51 结构单片机新品不断推出，给用户提供了更为广泛的选择空间

近年来推出的非 80C51 系列的主要产品如下：

* Intel 的 MCS-96 系列 16 位单片机；

* Microchip 的 PIC 系列 RISC 单片机；

* TI 的 MSP430F 系列 16 位低功耗单片机。

1.3　单片机的特点及应用领域

1.3.1　单片机的特点

1. 单片机的存储器 ROM 和 RAM 是严格区分的

ROM 称为程序存储器，只存放程序、固定常数及数据表格。RAM 则为数据存储器，用作工作区及存放用户数据。这样的结构主要是考虑到单片机用于控制系统中，需要有较大的程序存储器空间，把开发成功的程序固化在 ROM 中，而把少量的随机数据存放在 RAM 中。这样，小容量的数据存储器能以高速 RAM 形式集成在单片机内，以加速单片机的执行速度。但单片机内的 RAM 是作为数据存储器用，而不是当作高速缓冲存储器（Cache）使用。

2. 采用面向控制的指令系统

为满足控制的需要，单片机有更强的逻辑控制能力，特别是具有很强的位处理能力。

3. 单片机的 I/O 引脚通常是多功能的

由于单片机芯片上引脚数目有限，为了解决实际引脚数与需要的信号线的矛盾，采用了引脚功能复用的方法。引脚处于何种功能，可由指令来设置或由机器状态来区分。

4. 单片机的外部扩展能力强

在内部的各种功能部分不能满足应用需求时，均可在外部进行扩展（如扩展 ROM、RAM、I/O 接口、定时器/计数器、中断系统等），与许多通用的微机接口芯片兼容，给应用系统设计带来极大的方便和灵活性。

1.3.2　单片机的应用

单片机应用面广，控制能力强，使它在工业控制、智能仪表、外设控制、家用电器、机器人、军事装置等方面得到了广泛的应用。单片机主要可用于以下几方面。

1. 测控系统中的应用

控制系统特别是工业控制系统的工作环境恶劣，各种干扰也强，而且往往要求实时控制，故要求控制系统工作稳定、可靠、抗干扰能力强。单片机是最适宜用于控制领域，例如集成电路制造过程中的恒温控制、电镀生产流水线的自动控制等。

2. 智能仪表中的应用

用单片机制作的测量、控制仪表，能使仪表向数字化、智能化、多功能化和小型化发展，并使监测、处理、控制等功能一体化，使仪表的重量大大减轻，便于携带和使用，同时降低了成本，提高了性能价格比。典型的产品如数字式 RLC 测量仪、智能转速表、计时器等。

3. 智能产品

单片机与传统的机械产品结合，使传统机械产品结构简化、控制智能化，构成新型的机、电、仪一体化产品。具体应用如数控车床、智能电动玩具、各种家用电器和通信设备等。

4. 在智能计算机外设中的应用

在计算机应用系统中，除通用外部设备（键盘、显示器、打印机）外，还有许多用于外部通信、数据采集、多路分配管理、驱动控制等接口。如果这些外部设备和接口全部由主机管理，势必造成主机负担过重、运行速度降低，并且不能提高对各种接口的管理水平。如果采用单片机专门对接口进行控制和管理，则主机和单片机就能并行工作，这不仅大大提高系统的运算速度，而且单片机还可对接口信息进行预处理，以减少主机和接口间的通信密度、提高接口控制管理的水平。具体应用如绘图仪控制器，磁带机、打印机的控制器等。

综上所述，单片机在很多应用领域都得到了广泛的应用。

1.4 单片机应用系统开发简介

1.4.1 单片机应用系统的开发

正确的硬件设计和良好的软件功能设计是一个实用的单片机应用系统的设计目标，完成这一目标的过程称为单片机应用系统的开发。

单片机作为一片集成了微型计算机基本部件的集成电路芯片，与通用微机相比，它自身没有开发功能，必须借助开发机（一种特殊的计算机系统）来完成如下任务：

* 排除应用系统的硬件故障和软件错误；
* 程序固化到内部或外部程序存储器芯片中。

1. 指令的表示形式

指令是让单片机执行某种操作的命令。在单片机中，指令按一定的顺序以二进制码的形式存放于程序存储器中。为了书写、输入和显示方便，人们通常将二进制的机器码写成十六进制形式。

如，二进制码 0000 0100B 可以表示为 04H。04H 所对应的指令意义是累加器 A 的内容加 1。若写成 INCA 则要清楚得多，这就是该指令的符号表示，称为符号指令。

2. 汇编或编译

符号指令要转换成计算机所能执行的机器码并存入计算机的程序存储器中，这种转换称为汇编。常用的汇编方法有三种：

* 手工汇编；
* 利用开发机的驻留汇编程序进行汇编；
* 交叉汇编。

现在人们还经常采用高级语言（如 C51）进行单片机应用程序的设计。这种方法具有周期短、移植和修改方便的优点，适合于较为复杂系统的开发。

1.4.2 单片机应用系统开发过程

单片机应用系统开发时常用的设备是硬件仿真器。仿真的目的是利用仿真器的资源来模拟单片机应用系统的 CPU 或存储器，并跟踪和观察目标系统的运行状态。应用系统的开发主要有以下几个任务。

1. 电路板设计和制作

根据系统功能要求设计系统的硬件电路，利用印制电路板设计软件（典型的软件如 Protel 99 SE）设计原理图和 PCB，经过设计并焊接元器件后的电路板如图 1-5 所示。

2. 目标文件生成

利用 PC 上的集成开发软件编写源程序，经编译生成目标文件（.HEX），然后进行仿真调试。仿真分为软件模拟和硬件仿真两种。

图 1-5　单片机应用系统电路板

3．目标程序烧写

仿真调试无误的目标程序需要写入单片机芯片或存储器芯片中，通常采用的工具是编程器或烧写器。写入了目标程序的单片机或存储器芯片插到单片机应用系统电路板上，这一应用系统就可以独立运行了。

4．应用系统调试

单片机应用系统调试是系统开发的重要环节。当完成了单片机应用系统的硬件、软件设计和硬件组装后，便可进入单片机应用系统调试阶段。系统调试的目的是要查出用户系统中硬件设计与软件设计中存在的错误，以及可能出现的不协调问题，以便修改设计，最终使用户系统能正确、可靠地工作。

单片机应用系统的一般调试方法包括硬件调试、软件调试、系统联调和现场调试。

1.4.3　单片机开发方式的发展

SST 公司推出的 SST89C 系列芯片有 SuperFLASH 存储器，利用这种存储器可以进行高速读写的特点，能够实现在系统编程（ISP）和在应用编程（IAP）功能。首先在 PC 上完成应用程序的编辑、汇编（或编译）、模拟运行，然后实现目标程序的串行下载。

Microchip 公司推出的 RISC 结构单片机 PIC16F87X 中内置有 ICP（In-Circuit Programming，在线调试器）功能；该公司还配置了具有 ICSP（In-Circuit Serial Programming）功能的简单仿真器和烧写器。通过 PC 串行电缆就可以完成对目标系统的仿真调试。

思考题与习题

1-1　计算机的问世有何意义？

1-2　电子计算机由哪几部分组成？

1-3　微型计算机由哪几部分构成？

1-4　微处理器与微型计算机有何区别？

1-5　什么叫单片机？有哪些主要特点？

1-6　微型计算机有哪些应用形式？各适于什么场合？

1-7　当前单片机的主要产品有哪些？

1-8　单片机应用系统开发过程包括哪几个任务？

第2章
80C51 单片机的结构与原理

2.1　80C51 单片机的外特性

2.1.1　引脚功能

80C51 单片机多采用双列直插式封装方式，有 40 个引脚，如图 2-1 所示。

1. 电源引脚

（1）V_{CC}（40 脚）：电源端，接 +5V 电压。

（2）V_{SS}（20 脚）：接地端（GND）。

2. 时钟电路引脚

（1）XTAL1（19 脚）：片内振荡电路的输入端，是外接晶体的一个引脚。当采用外部振荡器时，此引脚接地。

（2）XTAL2（18 脚）：片内振荡电路的输出端，是外接晶体的另一个引脚。当采用外部振荡器时，此引脚接外部振荡源。

3. 控制信号引脚

（1）RST/V_{PD}（9 脚）：复位控制输入端/备用电源端，高电平有效。

当振荡器运行时，在此引脚上出现两个机器周期的高电平（由低到高跳变），将使单片机复位。该引脚的第二功能是 V_{PD}。在 V_{CC} 掉电期间，此引脚可接上备用电源，由 V_{PD} 向内部提供备用电源，以保持内部 RAM 中的数据。

（2）$ALE/\overline{PROG}$（30 脚）：允许地址锁存输出端/编程脉冲输入端。

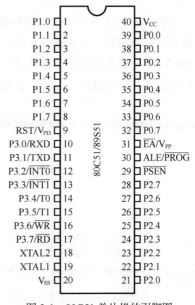

图 2-1　80C51 单片机的引脚图

正常操作时 ALE 引脚以不变的频率（振荡器频率的 1/6）周期性地发出正脉冲信号，当 CPU 访问片外扩展存储器时，ALE 输出信号作为锁存低 8 位地址的控制信号，它一般连接外接地址锁存器芯片的锁存引脚。

该引脚的第二功能是 $\overline{PROG}$。对于 EPROM 型单片机，在 EPROM 编程期间，此引脚作为编程写入（固化程序）编程脉冲输入端，把编写好的程序指令代码存入程序存储器中。

（3）$\overline{PSEN}$（29 脚）：片外程序存储器允许输出信号端。

在访问片外程序存储器时，CPU 控制该端输出负脉冲作为外部存储器的选通信号，允许 CPU 读出外部存储器中被选中字节单元中的指令码。该引脚一般连接片外程序存储器的选通信号引脚。

（4）$\overline{EA}$/V_{PP}（31 脚）：片内、片外程序存储器选择输出端/编程电压输入端。

80C51 单片机利用 $\overline{EA}$ 引脚决定系统复位后，CPU 是从片内程序存储器还是从片外程序存储器中取指令。若 $\overline{EA}$ 为高电平，访问片内程序存储器，从 0000H 单元开始取指令，范围在 4KB 以内；若 $\overline{EA}$ 为低电平，访问片外程序存储器，从 0000H 单元开始取指令，范围在 64KB 以内。

该引脚的第二功能是 V_{PP}，在 EPROM 编程期间，可施加 12～21V 的编程电压，一般 21V 最常用。

4. 输入输出引脚

共 32 个引脚，分成 4 个 8 位并行 I/O 端口。

（1）P0 口（P0.0～P0.7）：一般 I/O 引脚或数据/低位地址总线复用引脚。

（2）P1 口（P1.0～P1.7）：一般 I/O 引脚。

（3）P2 口（P2.0～P2.7）：一般 I/O 引脚或高位地址总线引脚。

（4）P3 口（P3.0～P3.7）：一般 I/O 引脚或第二功能引脚。

2.1.2 外部总线

由于 80C51 单片机本身硬件资源有限，在比较复杂的应用场合，其内部资源（如存储器、I/O 端口或中断源等）往往显得不足，甚至相差很远，这就需要进行外部扩展。为满足系统扩展要求，80C51 单片机系统采用三总线结构，通过三总线和外部扩充部件相连。三总线分别为地址总线、数据总线和控制总线，如图 2-2 所示。

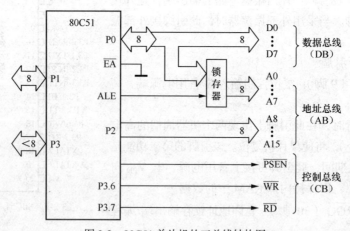

图 2-2　80C51 单片机的三总线结构图

1. 地址总线（AB）

宽度为 16 位，可直接寻址范围是 64KB。16 位地址的高 8 位由 P2 口直接输出（A8～A15），低 8 位由 P0 口输出（A0～A7）。在允许地址锁存信号 ALE 作用下，将低 8 位地址锁存到外部地址锁存器 74LS373 中，从而让 P0 口为接收数据做准备。P0 口是地址/数据共用的端口。

2. 数据总线（DB）

宽度为 8 位，由 P0 口提供（D0～D7）。

3. 控制总线（CB）

由上述 4 条控制线和 P3 口的第二功能状态组成。

2.2　80C51 单片机的内部结构

2.2.1　80C51 单片机的组成

80C51 单片机的组成如图 2-3 所示，内部包含下列几个部件：

* 一个 8 位 CPU；

* 一个片内振荡器及时钟电路；

* 4KB 的程序存储器；

* 128B 的数据存储器；

* 两个 16 位的可编程定时器/计数器；

* 4 个 8 位并行 I/O 端口；

* 一个可编程的全双工串行口；

* 5 个中断源、2 个优先级嵌套中断结构。

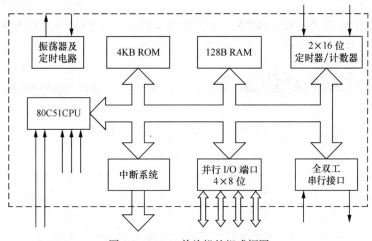

图 2-3　80C51 单片机的组成框图

1. CPU

80C51 单片机的 CPU 是一个 8 位的中央处理单元，是单片机的核心部件，它由运算器和控制器组成。

（1）运算器

运算器包括一个可进行 8 位算术运算和逻辑运算的单元（ALU）、累加器 ACC（简称为 A）、暂存寄存器 1、暂存寄存器 2 和程序状态字寄存器 PSW，主要任务是进行算术/逻辑运算以及数据传送等操作。因运算器还包含有一个布尔处理器，所以可以用来处理位操作，如图 2-4 所示。

（2）控制器

控制器由程序计数器（PC）、指令寄存器（IR）、指令译码及定时控制逻辑电路等组成。它的主要任务是完成指挥控制工作，协调单片机各部分正常工作。

① 程序计数器（PC）

程序计数器（PC）是一个 16 位的计数器，用来存放将要执行的指令地址，可对 64KB 程序存储器直接寻址。PC 具有自动加 1 的功能，可实现程序的顺序执行。PC 没有地址，是不可寻址的，因此用户无法对它进行读/写，但可以通过转移、调用、返回等指令来改变 PC 的内容，从而改变程序执行的方向。

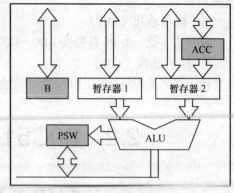

图 2-4　运算器的结构图

② 指令寄存器（IR）

指令寄存器（IR）用来保存当前正在执行的一条指令代码（包括操作码和地址码）。CPU 执行指令时，将从程序存储器中读取的指令代码送入指令寄存器，经译码后由定时与控制电路发出相应的控制信号，完成指令功能。

2. 片内存储器

80C51 单片机的存储器在物理上被设计成程序存储器和数据存储器两个独立的空间。程序存储器的容量为 4KB，地址范围为 0000H～0FFFH；数据存储器的容量为 128B，地址范围为 00H～7FFH；另外在 80H～FFH 的地址范围内还离散地分布着 21 个特殊功能寄存器。有关存储器的内容将在后面详细介绍。

3. I/O 端口

I/O 端口是 80C51 单片机对外部实现控制和信息交换的必经之路，有串行和并行之分。80C51 单片机有 4 个 8 位并行 I/O 端口，一个可编程的全双工串行口。

2.2.2　时钟电路与时序

1. 时钟电路

80C51 单片机的时钟信号通常由两种方式产生，一种是内部时钟方式，另一种是外部时钟方式，如图 2-5 所示。

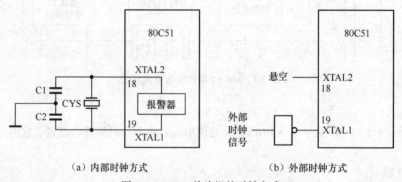

（a）内部时钟方式　　　　（b）外部时钟方式

图 2-5　80C51 单片机的时钟方式

内部时钟方式电路如图 2-5（a）所示。在 XTAL1 和 XTAL2 引脚上外接定时元件，内部振荡电路就产生自激振荡。定时元件通常采用石英晶体和电容组成的并联谐振回路。晶振可以在 1.2～

12MHz 之间选择，典型值为 6MHz、12MHz 或 11.0592MHz。电容值在 5～30pF 之间选择，典型值为 30pF。电容的大小可起频率微调作用。

外部时钟方式电路如图 2-5（b）所示，只要把已有的外部时钟信号接到 XTAL1 即可。

实际应用中通常采用外接晶振的内部时钟方式。晶振频率越高指令的执行速度越快，但相应的功耗和噪声也会增加，所以只要能够满足系统功能的要求，可以选择频率低一些的晶振。但是注意，当系统要与计算机通信时，应选择 11.0592MHz 的晶振。

2. 时序

80C51 单片机的时序就是 80C51 在执行指令时所需控制信号的时间顺序，它的时序定时单位从小到大依次为：晶振周期、状态周期、机器周期和指令周期，如图 2-6 所示。

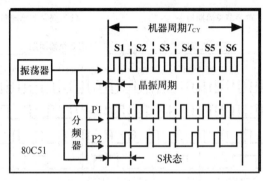

图 2-6　80C51 单片机的时钟信号

（1）晶振周期

晶振周期，又叫振荡周期，是最小的时序单位，指为单片机提供定时信号的振荡源的周期或外部输入时钟的周期。

（2）状态周期

状态周期又称作时钟周期或状态时间 S，它是晶振周期的两倍，它分为 P1 节拍和 P2 节拍，通常在 P1 节拍完成算术逻辑操作，在 P2 节拍完成内部寄存器之间的传送操作。

（3）机器周期

一个机器周期由 6 个状态组成，并依次记为 S1～S6。由于一个状态包括两个节拍，因此一个机器周期总共有 12 个节拍，分别记为 S1P1、S1P2、S2P1、S2P2……S6P1、S6P2。已知一个机器周期等于 12 个振荡周期，因此当振荡频率为 12MHz 时，一个机器周期就是 1μs；当振荡频率为 6MHz 时，一个机器周期就是 2μs。

（4）指令周期

指令周期即执行一条指令所需要的全部时间，通常为 1～4 个机器周期。

80C51 单片机的典型时序图如图 2-7 所示。

由图 2-7 可以看出，ALE 引脚上出现的信号是周期性的，在每个机器周期内出现两次高电平。第一次在 S1P2 与 S2P1 期间，第二次在 S4P2 与 S5P1 期间。ALE 信号每出现一次，CPU 就进行一次取指操作，但由于不同指令的字节数和机器周期数不同，因此取指操作也会有所不同。

图 2-7（a）和图 2-7（b）分别给出了单字节单周期和双字节单周期指令的时序。单周期指令的执行始于 S1P2，这时操作码被锁存到指令寄存器内。若是双字节，则在同一机器周期的 S4 读第二字节；若是单字节，则在 S4 仍有读操作，但被读入的字节无效，且程序计数器（PC）并不增量。

图 2-7（c）给出了单字节双周期指令的时序，两个机器周期内进行 4 次读操作码操作。因为

是单字节指令，所以后 3 次读操作无效。

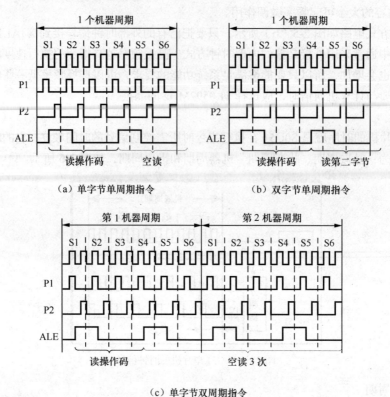

（a）单字节单周期指令　　　　　（b）双字节单周期指令

（c）单字节双周期指令

图 2-7　80C51 单片机的典型时序图

2.2.3　复位与复位电路

所谓复位就是单片机系统的初始化操作，单片机的工作就是从复位开始的。

1. 复位电路

在振荡器运行的情况下，要实现复位操作，必须使 RST 引脚至少保持两个机器周期的高电平。CPU 在第二个机器周期内执行内部复位操作，以后每一个机器周期重复一次，直至 RST 端电平变低，系统开始工作。复位期间不产生 ALE 及 PSEN 信号。图 2-8 所示的是 80C51 单片机的复位电路。图 2-8（a）是上电复位电路，图 2-8（b）是按键复位电路。

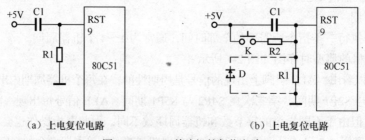

（a）上电复位电路　　　　　（b）上电复位电路

图 2-8　80C51 单片机的复位电路

2. 复位状态

复位的主要功能是把 PC 初始化为 0000H，使单片机从 0000H 单元开始执行程序。另外系统复位还使一些特殊功能寄存器恢复到复位状态，如表 2-1 所示（表中*表示可任意取值）。

表 2-1　　　　　　　　　　　80C51 单片机特殊功能寄存器的复位状态

寄 存 器 名	内　　容	寄 存 器 名	内　　容
PC	0000H	TMOD	00H
ACC	00H	TCON	00H
B	00H	TL0	00H
PSW	00H	TH0	00H
SP	07H	TL1	00H
DPTR	0000H	TH1	00H
P0～P3	FFH	SCON	00H
IP	***00000B	SBUF	不定
IE	0**00000B	PCON	0***0000B

2.2.4　并行 I/O 端口

80C51 单片机有 4 个 8 位并行 I/O 端口（P0 口、P1 口、P2 口、P3 口），各端口均由端口锁存器、输出驱动器和输入缓冲器组成。各端口除可以作为字节输入/输出外，它们的每一条端口线都能独立地用作输入/输出线。各端口编址于特殊功能寄存器中，既有字节地址又有位地址。对端口锁存器进行读/写，就可以实现端口的输入/输出操作。虽然各端口的功能不同，且结构也存在一些差异，但每个端口的位结构是相同的，所以下面的端口结构介绍均以位结构进行说明。

1. P0 口

P0 口为三态双向端口，能带 8 个 LSTTL 电路。它包括一个输出锁存器（D 锁存器）、两个三态输入缓冲器、一个输出驱动电路（两个场效应管 T1 和 T2）和一个输出控制电路（一个转换开关 MUX、一个与门及一个反相器），如图 2-9 所示。P0 口既可作为输入/输出口，又可作为地址/数据总线使用。

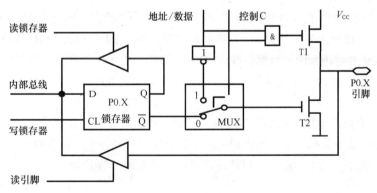

图 2-9　P0 口位结构图

（1）P0 口作通用 I/O 端口使用

当 P0 口用作通用 I/O 时，控制端为低电平（硬件自动使 C=0），转换开关 MUX 把输出级与锁存器的 $\overline{Q}$ 端接通，同时因与门输出为低电平，T1 管处于截止状态，输出级为漏极开路电路，在驱动 NMOS 电路时应外接上拉电阻。

① P0 口作输出端口

当 CPU 执行数据输出指令时，写脉冲加在触发器的时钟端 CL 上，此时与内部总线相连的 D 端的数据经反相后出现在 $\overline{Q}$ 端上，再经 T2 管反相，于是在 P0 口这一位引脚上出现的数据正好是内部总线上的数据。

② P0 口作输入端口

P0 口作输入端口时，数据可以读自端口的锁存器，也可以读自端口引脚。这要根据输入操作采用的是"读锁存器"指令还是"读引脚"指令来决定。

当执行一般的端口输入指令（如 MOV　A，P0）时，内部产生"读引脚"操作信号。此时下面的三态缓冲器打开，端口上的数据经过缓冲器输送到内部总线上。执行这类指令之前要注意预先将锁存器写入"1"，目的是使 T2 管截止，从而使引脚处于悬浮状态，可以作为高阻抗输入。所以 P0 口在作为通用 I/O 口时，属于准双向端口。

当执行"读—修改—写"类指令（如 ANL　P0，A）时，内部产生"读锁存器"操作信号，此时上面的三态缓冲器打开，锁存器 Q 端的数据经过缓冲器输送到内部总线上，然后对读入的数据进行修改，最后将结果再写到端口上。对于这类指令，不直接读引脚上的数据而是读锁存器 Q 端上的数据是为了避免可能错读引脚上的电平信号。例如用一条端口线去驱动一个晶体管的基极，当向此端口线写"1"时，晶体管导通并把引脚上的电平拉低。这时若从引脚上读取数据，就把该数错读为"0"（实际上应是"1"），而从锁存器 Q 端读入，则得到正确的结果。

（2）P0 口作地址/数据总线使用

当系统需要扩展片外的 ROM 或 RAM 时，P0 口用作地址/数据总线使用。此时控制端为高电平（硬件自动使 C=1），转换开关 MUX 将反相器输出端与 T2 接通，这时与门的输出由地址/数据总线的状态决定。

① 执行输出指令时

低 8 位地址信息和数据信息分时出现在地址/数据总线上，通过与门去驱动 T1 管，又通过反相器去驱动 T2 管，这时内部总线上的地址或数据信息就传送到 P0 口的引脚上了。

② 执行输入指令时

首先低 8 位地址信息出现在地址/数据总线上，引脚处的状态与地址/数据总线的地址信息相同。然后，CPU 自动地使转换开关 MUX 拨向锁存器，并向 P0 口写入 FFH，同时"读引脚"信号有效，数据经缓冲器进入内部数据总线。

由此可见，P0 口作为地址/数据总线使用时是一个真正的双向口。

2．P1 口

P1 口是--个有内部上拉电阻的准双向口，可驱动 4 个 LSTTL 门电路。它包括一个输出锁存器、两个三态输入缓冲器和一个输出驱动电路（场效应管 T 和一个上拉电阻），如图 2-10 所示。它是 80C51 单片机唯一的单功能口，仅能用作通用的数据输入/输出口。

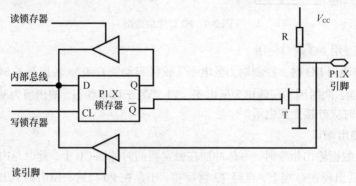

图 2-10　P1 口位结构图

　　P1 口作通用 I/O 口时，和 P0 口的主要区别就是 P1 口有输出上拉电阻而 P0 口没有，工作原理和 P0 口基本一样，在此不再赘述。

　　3．P2 口

　　P2 口也是一个有内部上拉电阻的准双向口，可驱动 4 个 LSTTL 门电路。它包括一个输出锁存器、两个三态输入缓冲器、一个输出驱动电路（场效应管 T 和一个上拉电阻）和一个输出控制电路（一个转换开关 MUX 和一个反相器），如图 2-11 所示。P2 口既可作为输入/输出口，又可作为地址总线使用。

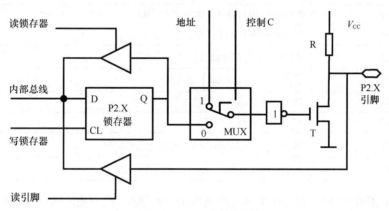

图 2-11　P2 口位结构图

　　（1）P2 口作通用 I/O 端口使用

　　当 P2 口作通用 I/O 端口使用时，是一个准双向口，此时转换开关 MUX 倒向左边，输出级与锁存器接通，引脚可接 I/O 设备，其输入/输出操作与 P1 口完全相同。

　　（2）P2 口作地址总线使用

　　当系统中接有外部存储器时，P2 口用于输出高 8 位地址（A15～A8）。这时在 CPU 的控制下，转换开关 MUX 倒向右边接向地址总线。这时 P2 口的口线状态取决于片内输出的地址信息。

　　4．P3 口

　　P3 口是一个多用途的端口，也是一个有内部上拉电阻的准双向口，可驱动 4 个 LSTTL 门电路。它包括一个输出锁存器、三个输入缓冲器、一个输出驱动电路（场效应管 T 和一个上拉电阻）和一个与非门，如图 2-12 所示。

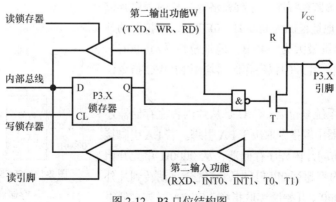

图 2-12　P3 口位结构图

（1）P3 口用作第一功能（通用 I/O 口）

P3 口作为第一功能使用时，单片机内部的硬件自动将第二功能输出线的 W 置"1"，其工作原理同 P1 口。

（2）P3 口用作第二功能

P3 口作为第二功能使用时，每一位功能定义如表 2-2 所示。

表 2-2　　　　　　　　　　　　　　　P3 口的第二功能

端　　口	第　二　功　能
P3.0	RXD——串行输入（数据接收）口
P3.1	TXD——串行输出（数据发送）口
P3.2	$\overline{\text{INT0}}$ ——外部中断 0 输入线
P3.3	$\overline{\text{INT1}}$ ——外部中断 1 输入线
P3.4	T0——定时器 0 外部输入
P3.5	T1——定时器 1 外部输入
P3.6	$\overline{\text{WR}}$ ——外部数据存储器写选通信号输出
P3.7	$\overline{\text{RD}}$ ——外部数据存储器读选通信号输入

P3 口的第二功能实际上就是系统具有控制功能的控制线。此时相应的口线锁存器必须为"1"状态，与非门的输出由第二功能输出线的状态确定，从而 P3 口线的状态取决于第二功能输出线的电平。在 P3 口的引脚信号输入通道中有两个三态缓冲器，第二功能的输入信号取自第一个缓冲器的输出端，第二个缓冲器仍是第一功能的读引脚信号缓冲器。

2.3　80C51 单片机的存储器组织

存储器是组成计算机的主要部件，按照存储信息的不同，可以分为两大类，一类是随机存取存储器（RAM），另一类是只读存储器（ROM）。从物理地址空间看，80C51 单片机有 4 个存储器地址空间，即片内程序存储器和片外程序存储器；片内数据存储器和片外数据存储器。

2.3.1　程序存储器

程序存储器写入信息后不易改写，而且断电后其中的信息保留不变，所以常用来存放固定的程序或数据，如系统监控程序、常数表格等。片内程序存储器的容量为 4KB，地址范围为 0000H～0FFFH；可扩展的外部程序存储器的容量最大为 64KB，地址范围为 0000H～0FFFFH，访问片内、片外的程序存储器均用 MOVC 指令，如图 2-13 所示。

80C51 单片机系统复位后，CPU 是从片内程序存储器还是从片外程序存储器中取指令取决于 $\overline{\text{EA}}$ 引脚。若 $\overline{\text{EA}}$ 引脚接高电平，则 CPU 访问片内程序存储器，从 0000H 单元开始取指令，当 PC 的内容超过 0FFFH 时，系统会自动转到片外程序存储器，从 1000H 开始继续取指令；若 $\overline{\text{EA}}$ 引脚接低电

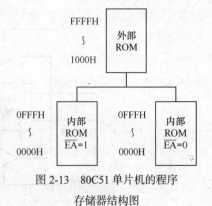

图 2-13　80C51 单片机的程序
存储器结构图

平，则系统自动转到片外程序存储器（无论片内是否有程序存储器），从 0000H 单元开始取指令，范围在 64KB 以内。

程序存储器中有几个特殊单元是专门预留给系统专用的，如表 2-3 和图 2-14 所示。

表 2-3 程序存储器的几个特殊单元功能表

单 元 地 址	特 殊 功 能	存储单元范围
0000H	单片机复位后的入口地址	0000H～0002H（3 个字节）
0003H	外部中断 0 的中断服务程序入口地址	0003H～000AH（8 个字节）
000BH	定时器/计数器 0 的溢出中断服务程序入口地址	000BH～0012H（8 个字节）
0013H	外部中断 1 的中断服务程序入口地址	0013H～001AH（8 个字节）
001BH	定时器/计数器 1 的溢出中断服务程序入口地址	001BH～0022H（8 个字节）
0023H	串行口的中断服务程序入口地址	0023H～002AH（8 个字节）

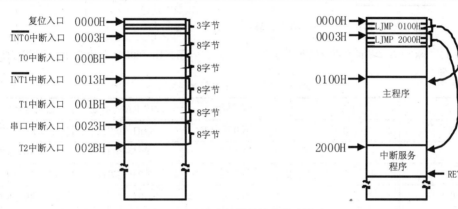

图 2-14　程序存储器的几个特殊单元

0000H 作为系统执行程序的起始地址，通常在该单元中存放一条跳转指令，而用户程序从跳转地址开始存放程序。0003H～002AH 这 40 个字节单元均匀地分为五段，每段 8 个单元，用于存放 5 个中断源的中断服务程序。但通常情况下，8 个单元难以存放一个较长的中断服务程序，因此通常在入口地址处存放一条跳转指令。

2.3.2 数据存储器

对于 RAM，CPU 在运行时能随时进行数据的写入和读出，但在关闭电源时，其所存储的信息将丢失。所以它常用来存放暂时性的输入/输出数据、运算的中间结果或用作堆栈。

80C51 单片机内部的数据存储器容量为 128B，地址范围为 00H～7FH，用 MOV 指令访问；可扩展的外部程序存储器的容量最大为 64KB，地址范围为 0000H～0FFFFH，用 MOVX 指令访问，如图 2-15 所示。

1. 内部数据存储器

80C51 单片机内部的数据存储器是最灵活的地址空间，它分成物理上独立的且性质不同的 3 个区：工作寄存器区、位寻址区和通用 RAM 区，如图 2-16 所示。

（1）工作寄存器区

片内 RAM 低端的 00H～1FH 为工作寄存器区，共 32 个字节单元，分成 4 个工作寄存器组，每个工作寄存器组都有 8 个通用寄存器，编号为 R0～R7。在任何时刻，CPU 只能使用这 4 组通用寄存器中的一组作为当前寄存器组。到底选择哪一组，由程序状态字寄存器 PSW 中的 D4、D3 位（RS1 和 RS0）来决定。PSW 的状态和工作寄存区对应关系如表 2-4 所示。

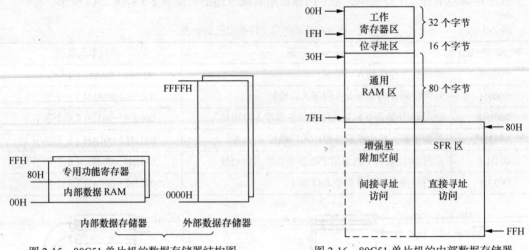

图 2-15 80C51 单片机的数据存储器结构图　　图 2-16 80C51 单片机的内部数据存储器

表 2-4　　　　　　　　　　　　80C51 单片机工作寄存器地址表

RS1	RS0	寄存器组	片内 RAM 地址	通用寄存器名称
0	0	第 0 组	00H~07H	R0~R7
0	1	第 1 组	08H~0FH	R0~R7
1	0	第 2 组	10H~17H	R0~R7
0	1	第 3 组	18H~1FH	R0~R7

（2）位寻址区

内部 RAM 的 20H~2FH 为位寻址区，共 16 个字节单元。每一个单元既可进行字节操作，也可进行位操作。这 16 个单元共 128 个位，位地址范围为 00H~7FH，如表 2-5 所示。

表 2-5　　　　　　　　　　　　80C51 单片机位地址表

字节地址	位 地 址							
	D7	D6	D5	D4	D3	D2	D1	D0
2FH	7F	7E	7D	7C	7B	7A	79	78
2EH	77	76	75	74	73	72	71	70
2DH	6F	6E	6D	6C	6B	6A	69	68
2CH	67	66	65	64	63	62	61	60
2BH	5F	5E	5D	5C	5B	5A	59	58
2AH	57	56	55	54	53	52	51	50
29H	4F	4E	4D	4C	4B	4A	49	48
28H	47	46	45	44	43	42	41	40
27H	3F	3E	3D	3C	3B3	3A	39	38
26H	37	36	35	34	33	32	31	30
25H	2F	2E	2D	2C	2B	2A	29	28
24H	27	26	25	24	23	22	21	20

字节地址	位 地 址							
	D7	D6	D5	D4	D3	D2	D1	D0
23H	1F	1E	1D	1C	1B	1A	19	18
22H	17	16	15	14	13	12	11	10
21H	0F	0E	0D	0C	0B	0A	09	08
20H	07	06	05	04	03	02	01	00

（3）通用 RAM 区

内部 RAM 的 30H～7FH 共 80 个字节单元为通用 RAM 区。这些单元可以作为数据缓冲器使用，在实际应用中，堆栈一般设在 30H～7FH 的范围内。

2. 外部数据存储器

若开发的单片机系统较复杂，片内数据存储器的存储空间不够用时，可外部扩展数据存储器，扩展的最大容量为 64KB，地址范围为 0000H～0FFFFH。

2.3.3　特殊功能寄存器

单片机内的锁存器、定时器、串行口数据缓冲器以及各种控制寄存和状态寄存器都是以特殊功能寄存器（SFR）的形式出现的，它们离散地分布在内部 RAM 80H～FFH 的地址空间中，如表 2-6 所示。

表 2-6　　　　　　　　　　　　　　SFR 位地址及字节地址表

SFR	位地址/位符号								字节地址
P0*	87H	86H	85H	84H	83H	82H	81H	80H	80H
	P0.7	P0.6	P0.5	P0.4	P0.3	P0.2	P0.1	P0.0	
SP									81H
DPL									82H
DPH									83H
PCON	按字节访问，但相应位有规定含义								87H
TCON*	8FH	8EH	8DH	8CH	8BH	8AH	89H	88H	88H
	TF1	TR1	TF0	TR0	IE1	IT1	IE0	IT0	
TMOD	按字节访问，但相应位有规定含义								89H
TL0									8AH
TL1									8BH
TH0									8CH
TH1									8DH
P1*	97H	96H	95H	94H	93H	92H	91H	90H	90H
	P1.7	P1.6	P1.5	P1.4	P1.3	P1.2	P1.1	P1.0	
SCON*	9FH	9EH	9DH	9CH	9BH	9AH	99H	98H	98H
	SM0	SM1	SM2	REN	TB8	RB8	TI	RI	
SBUF									99H
P2*	A7H	A6H	A5H	A4H	A3H	A2H	A1H	A0H	A0H
	P2.7	P2.6	P2.5	P2.4	P2.3	P2.2	P2.1	P2.0	
IE*	AFH	/	/	ACH	ABH	AAH	A9H	A8H	A8H
	EA	/	/	ES	ET1	EX1	ET0	EX0	

SFR	位地址/位符号								字节地址
P3*	B7H	B6H	B5H	B4H	B3H	B2H	B1H	B0H	B0H
	P3.7	P3.6	P3.5	P3.4	P3.3	P3.2	P3.1	P3.0	
IP*	/	/	/	BCH	BBH	BAH	B9H	B8H	B8H
	/	/	/	PS	PT1	PX1	PT0	PX0	
PSW*	D7H	D6H	D5H	D4H	D3H	D2H	D1H	D0H	D0H
	CY	AC	F0	RS1	RS0	OV	/	P	
ACC*	E7H	E6H	E5H	E4H	E3H	E2H	E1H	E0H	E0H
	ACC.7	ACC.6	ACC.5	ACC.4	ACC.3	ACC.2	ACC.1	ACC.0	
B*	F7H	F6H	F5H	F4H	F3H	F2H	F1H	F0H	F0H
	B.7	B.6	B.5	B.4	B.3	B.2	B.1	B.0	

备注：有 11 个带 "*" 的特殊功能寄存器具有位寻址功能，它们的字节地址能被 8 整除。

1．与运算器相关的 SFR（3 个）

（1）累加器 ACC

它是最常用的特殊功能寄存器，大部分单操作数指令的操作数取自累加器，很多双操作数指令的一个操作数取自累加器。加、减、乘、除算术运算指令的运算结果都存放在累加器 A 或 AB 寄存器对中。指令系统中，用 A 作为累加器的助记符。

（2）B 寄存器

它是乘法/除法指令中常用的寄存器。乘法指令的两个操作数分别取自 A 和 B，其结果存放在 AB 寄存器对中；除法指令中，被除数取自 A，除数取自 B，商数存放于 A，余数存放于 B。在其他指令中，B 寄存器可作为 RAM 中的一个单元来使用。

（3）程序状态字寄存器 PSW

它是一个 8 位寄存器，用于保存 ALU 运算结果的特征和处理器状态。其字节地址为 D0H，寄存器中各位内容如下：

PSW （D0H）	D7	D6	D5	D4	D3	D2	D1	D0
	CY	AC	F0	RS1	RS0	OV	/	P

CY（PSW. 7）：进位/借位标志。有进位或借位时，CY=1；无进位或借位时，CY=0。在布尔处理机中它被认为是位累加器，其重要性相当于一般中央处理机中的累加器 A。

AC（PSW. 6）：辅助进位/借位标志，也叫半进位/借位标志。当进行加法或减法操作而产生由低 4 位数（BCD 码一位）向高 4 位数进位或借位时，AC=1，否则 AC=1。

F0（PSW. 5）：用户标志位，它是用户定义的一个状态标记，用软件来使它置位或清零。该标志位状态一经设定，可由软件测试 F0，以控制程序的流向。

RS1、RS0（PSW. 4、PSW. 3）：当前工作寄存器组选择控制位，如表 2-4 所示。

OV（PSW. 2）：溢出标志位。当执行算术指令时，有溢出时，OV=1；无溢出时，OV=0。

P（PSW. 0）：奇偶标志位，表示累加器 A 中 "1" 的个数。若 A 中 "1" 的个数为奇数，则 P=1；若 A 中 "1" 的个数为偶数，则 P=0。

2．指针类 SFR（3 个）

（1）堆栈指针 SP

它是一个 8 位的特殊功能寄存器，用来指示堆栈顶部在内部 RAM 中的位置。系统复位后，

SP 初始化为 07H，使得堆栈事实上由 08H 单元开始。堆栈指针的值可以由软件改变，80C51 单片机的堆栈通常设在片内 RAM 地址范围为 30H～7FH 的区域内。

（2）数据指针 DPTR

它是一个 16 位的特殊功能寄存器，其高位字节寄存器用 DPH 表示，低位字节寄存器用 DPL 表示，既可以作为一个 16 位寄存器 DPTR 来处理，也可以作为两个独立的 8 位寄存器 DPH 和 DPL 来处理。DPTR 主要用来存放 16 位地址，当对 64KB 外部存储器寻址时，可作为间址寄存器用。

3．其余的 SFR（15 个）

在剩余的 SFR 中，与中断相关的 SFR 有两个：中断允许寄存器 IE、中断优先级寄存器 IP；与定时器/计数器相关的 SFR 有 6 个：控制寄存器 TCON、方式寄存器 TMOD、TH0、TL0、TH1、TL1；与 I/O 口相关的 SFR 有 7 个：P0、P1、P2、P3、串行口控制寄存器 SCON、电源及波特率选择寄存器 PCON、串行数据缓冲器 SBUF。这部分内容将在后面作详细介绍。

2.4 串 行 接 口

80C51 单片机有一个可编程的全双工串行接口，使单片机具有了串行通信的能力，可以与其他计算机进行通信，因而扩展了单片机的应用领域。

2.4.1 计算机通信技术基础

通信是指信息的交换过程，它可以在计算机与计算机之间、计算机与数据设备之间以及数据设备与数据设备之间进行。对于计算机通信而言，信息就是具有特定意义的二进制代码，信息的交换需要通过一定的传输媒介进行（如无线传输、光缆或电缆传输等），通过这些媒介将通信设备连接起来，而通信设备的连接需要一定的机械和电气标准（如 RS-232 接口标准等）。除此以外，通信过程还要规定数据的格式（即要建立通信协议），通信的各方还要有一定的硬件、软件支持等。通信涉及的内容很丰富，这里简要介绍有关通信的基本知识。

1．并行通信与串行通信

计算机通信有并行通信和串行通信两种方式。

并行通信是指在传送数据过程中，收发设备的所有数据位被同时传送的通信方式。串行通信是指在传送数据过程中，收发设备的所有数据位逐位顺序被传送的通信方式。显然，并行通信的传输速度比串行通信的传输速度要快。在并行通信中，数据有多少位就需要多少条信号传输线（一般需要的数据线为 8 条），对于远距离通信而言很不经济，因而并行通信主要适用于短距离、高速度的通信场合，如计算机与打印机之间的数据传送。串行通信相对于并行通信而言，需要的传输线较少，成本低，因而适用于远距离、对速度要求不太严格的场合。当然，随着通信技术的发展，串行通信的速度也在不断提高，现在的许多计算机网络都采用串行通信方式（如 Internet 网）。

在串行通信中，根据数据的传送方向不同，可以分为单工、半双工和全双工，如图 2-17 所示。

2．异步串行通信与同步串行通信

根据信息传送的格式不同，串行通信分为异步串行通信与同步串行通信两种。

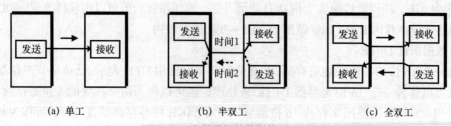

(a) 单工　　　　　　　　(b) 半双工　　　　　　　　(c) 全双工

图 2-17　串行通信的数据传送方式

（1）定义

同步串行通信是一种连续的数据传送方式，发送和接收双方由同一个同步脉冲控制，数据位的串行移出移入是同步的，因此称为同步串行通信。同步通信方式是以数据块的方式传送的，数据传输率高，适合高速率、大容量的数据通信。

异步串行通信要求发送数据和接收数据双方约定相同的数据格式和速率，用启、停位来协同发送与接收过程。接收和发送端采用独立的移位脉冲控制数据的串行移出与移入，发送移位脉冲与接收移位脉冲是异步的，因此称为异步串行通信。在异步通信中，是以字符为单位传送数据的，数据传送可靠性高，适合低速通信的场合。

80C51 单片机主要使用异步串行通信。

（2）异步串行通信的帧格式

在异步串行通信中，数据是以字符为单位传送的。一个字符又被称为一帧信息，即数据是一帧一帧传送的。每帧数据包括一个起始位、若干个数据位（一般为 8 个）、一个校验位和一个停止位。传送的每一个字符以起始位"0"作为传输开始的联络信号，接下来就是数据位，低位在前，高位在后，数据位之后是校验位，用于在数据传送时做正确性检查，通常有奇校验、偶校验和无校验 3 种情况，最后是停止位"1"，表示一帧字符信息发送结束。两个相邻字符帧之间可以插入若干个高电平的空闲位，如图 2-18 所示。

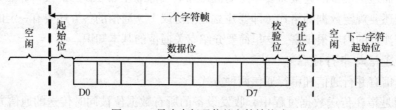

图 2-18　异步串行通信的字符帧格式

（3）波特率

在异步串行通信中，发送方和接收方必须保持相同的波特率才能实现正确的数据传送。所谓波特率是指单位时间内传送的信息量，即每秒钟传送的二级制位数，单位是 bit/s。它是串行通信的重要指标，用于表示数据传输的速度。波特率越高，数据传输速度越快。80C51 单片机常用的标准波特率有 1200bit/s、2400bit/s、4800bit/s、9600bit/s 和 19200bit/s 等。

2.4.2　串行接口的内部结构

80C51 单片机的串行接口由串行数据缓冲器 SBUF、串行控制寄存器 SCON、电源及波特率选择寄存器 PCON、输入移位寄存器和波特率发生器等组成，如图 2-19 所示。

其中 SBUF 由两个缓冲器组成：发送缓冲器和接收缓冲器，两者共用一个物理地址 99H，可同时发送和接收数据。接收缓冲器只能读出不能写入。为了避免在接收下一帧数据之前，CPU 未能及时响应接收器的中断把上帧数据读走而产生两帧数据重叠的问题，将接收缓冲器设置成双缓冲结构。发送缓冲器只能写入不能读出。为了保持最大传输速率，一般不需要双缓冲结构，这是因为发送时 CPU 是主动的，不会产生写重叠的问题。

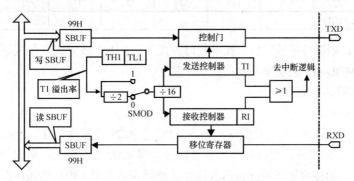

图 2-19　串行接口的内部结构图

1. 串行口控制寄存器 SCON

SCON 用于定义串行口的操作方式和控制它的某些功能，其字节地址为 98H。寄存器中各位内容如下：

SCON （98H）	D7	D6	D5	D4	D3	D2	D1	D0
	SM0	SM1	SM2	REN	TB8	RB8	TI	RI

SM0、SM1：串行口工作方式选择位。80C51 单片机的串行口有 4 种工作方式，如表 2-7 所示。

表 2-7　　　　　　　　　　　　　串行接口方式选择

SM0	SM1	方　式	功 能 说 明	波 特 率
0	0	0	同步移位寄存器输入/输出方式	fosc/12
0	1	1	10 位 UART（8 位数据）	可变
1	0	2	11 位 UART（9 位数据）	fosc/64 或 fosc/32
1	1	3	11 位 UART（9 位数据）	可变

SM2：允许方式 2 和方式 3 的多机通信使能位。在方式 2 或方式 3 中，若 SM2 置为 1，且接收到的第 9 位数据（RB8）为 0，则接收中断标志 RI 不会被激活。在方式 1 中，若 SM2=1，则只有收到有效的停止位时才会激活 RI。在方式 0 中，SM2 必须置为 0。

REN：串行口允许接收位。由软件置位或清零，使允许接收或禁止接收。

TB8：方式 2 和方式 3 中要发送的第 9 位数据，可按需要由软件置位或复位。

RB8：方式 2 和方式 3 中已接收到的第 9 位数据。在方式 1 中，若 SM2=0，RB8 是接收到的停止位。在方式 0 中，不使用 RB8 位。

TI：串行口发送中断标志位。在方式 0 中当串行口发送完第 8 位数据时，由硬件置位；在其他方式中，在发送停止位的开始时由硬件置位。当 TI=1 时，申请中断，CPU 响应中断后，发送下一帧数据。在任何方式中，该位都必须由软件清零。

RI：串行口接收中断标志位。在方式 0 中当串行口接收到第 8 位结束时由硬件置位；在其他方式中，在接收到停止位的中间时刻时由硬件置位。RI=1 时申请中断，要求 CPU 取走数据。在方式 1 中，当 SM2=1 时，若未接收到有效的停止位，则不会对 RI 置位。在任何工作方式中，该位都必须由软件清零。

2. 电源及波特率选择寄存器 PCON

PCON 寄存器主要用于电源控制及波特率选择设置，其字节地址为 87H。寄存器中各位内容如下：

PCON （87H）	D7	D6	D5	D4	D3	D2	D1	D0
	SMOD	/	/	/	/	/	/	/

SMOD：串行口的波特率选择位。在串行口方式 1、方式 2 或方式 3 情况下，SMOD=1，波特率提高一倍；SMOD=0，波特率不加倍。

3. 串行接口的工作过程

（1）接收数据的过程

在进行通信时，当 CPU 允许接收时（即 SCON 的 REN 位置 1 时），当接收控制器检测到 RXD 端的负跳变时，启动接收过程。外界数据通过引脚 RXD 串行输入，数据的最低位首先进入输入移位寄存器，一帧接收完毕再并行送入接收缓冲器 SBUF 中（即接收缓冲器满时），同时将接收中断标志位 RI 置位，向 CPU 发出中断请求。CPU 响应中断后，并用软件将 RI 位清除，同时读走输入的数据，接着又开始下一帧的输入过程，重复直至所有数据接收完毕。

（2）发送数据的过程

在进行通信时，CPU 要发送数据时，即将数据并行写入发送缓冲器 SBUF 中，同时启动数据由 TXD 引脚串行发送，当一帧数据发送完（即发送缓冲器空时），由硬件自动将发送中断标志位 TI 置位，向 CPU 发出中断请求。CPU 响应中断后，用软件将 TI 位清除，同时又将下一帧数据写入 SBUF，重复上述过程直到所有数据发送完毕。

2.4.3 串行接口的工作方式

80C51 单片机的串行口可以设置 4 种工作方式，由 SCON 中的 SM0、SM1 进行定义，如表 2-7 所示。

1. 工作方式 0

串行口的工作方式 0 为同步移位寄存器输入/输出方式，数据由 RXD 引脚输入或输出，移位脉冲由 TXD 引脚输出，发送和接收均为 8 位数据，低位在前，高位在后。

（1）方式 0 输出（发送）过程

当一个数据写入串行口数据缓冲器时，就启动了串行口的发送过程。时序图如图 2-20 所示。

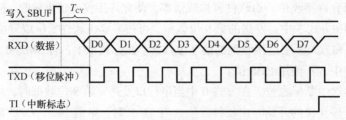

图 2-20　工作方式 0 输出时序图

（2）方式 0 输入（接收）过程

当串行口满足 REN=1 和 RI（SCON.0）=0 的条件时，就会启动一次接收过程。时序图如

图 2-21 所示。

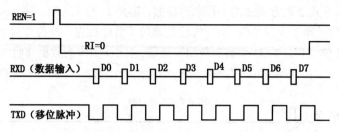

图 2-21　工作方式 0 输入时序图

工作方式 0 主要用于扩展并行输入或输出口，可以外接串行输入并行输出移位寄存器 74LS164 或外接并行输入串行输出移位寄存器 74LS165，如图 2-22 所示。

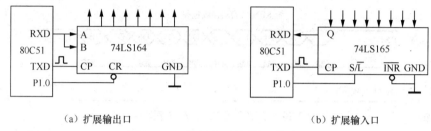

（a）扩展输出口　　　　　　　　　　（b）扩展输入口

图 2-22　工作方式 0 扩展输入/输出口

（3）波特率

工作方式 0 的波特率固定为 $f_\text{OSC}/12$。

2．工作方式 1

串行口的工作方式 1 是波特率可变的 10 位 UART，主要用于双机通信。传送一帧信息为 10 位，即 1 位起始位"0"、8 位数据位（低位在先、高位在后）和 1 位停止位"1"。数据位由 TXD 引脚发送，由 RXD 引脚接收。时序图如图 2-23 和图 2-24 所示。

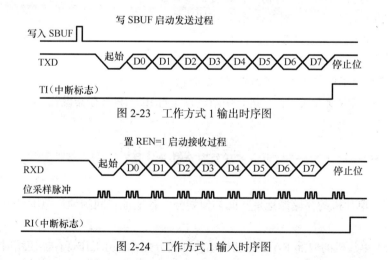

图 2-23　工作方式 1 输出时序图

图 2-24　工作方式 1 输入时序图

工作方式 1 的波特率是可变的，取决于定时器 1 的溢出速率。当定时器 1 作波特率发生器时，波特率＝$\dfrac{2^\text{SMOD}}{32} \times T_1$ 的溢出率。

3. 工作方式 2 和方式 3

串行口的工作方式 2 和方式 3 的工作原理相似，都是 11 位 UART，主要用于多机通信。传送一帧信息都是 11 位，即 1 位起始位 "0"、8 位数据位（低位在先、高位在后）、1 位可编程的第 9 位数据和 1 位停止位 "1"。TXD 引脚为数据发送端，RXD 引脚为数据接收端。时序图如图 2-25 和图 2-26 所示。

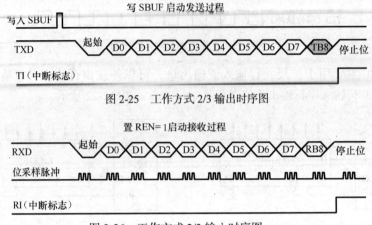

图 2-25　工作方式 2/3 输出时序图

图 2-26　工作方式 2/3 输入时序图

工作方式 2 和方式 3 唯一的区别是方式 2 的波特率是固定的，波特率 $=\dfrac{2^{\text{SMOD}} \times f_{\text{OSC}}}{64}$，当 SMOD=1 时，波特率为 $f_{\text{osc}}/32$；当 SMOD=0 时，波特率为 $f_{\text{osc}}/64$。方式 3 的波特率是可变的，利用定时器 1 作波特率发生器，波特率 $=\dfrac{2^{\text{SMOD}}}{32} \times T_1$ 的溢出率。

2.4.4　串行口的初始化

在使用串行口前，应对其进行初始化设置，步骤如下。

（1）确定 T1 的工作方式（对 TMOD 寄存器设置）。

（2）计算 T1 的初值，装载 TH1、TL1。

（3）启动 T1（置位 TR1）。

（4）确定串行口工作方式（对 SCON 寄存器设置）。

（5）若串行口在中断方式工作，进行中断设置（对 IE、IP 寄存器设置）。

思考题与习题

2-1　80C51 单片机的存储器地址空间如何划分？各地址空间的地址范围和容量如何？在使用上有何特点？

2-2　80C51 单片机的内部 RAM 区功能结构如何分配？4 组工作寄存器使用时如何选用？位寻址区域的字节地址范围是多少？

2-3　试分析 80C51 单片机端口的两种读操作（读引脚和读锁存器）有何不同。"读-修改-写"操作是按哪一种操作进行的？结构上的这种安排有何功用？

2-4　80C51 单片机设有 4 个 8 位并行端口（32 条 I/O 线），实际应用中 8 位数据信息由哪一个端口传送？16 位地址线怎样形成？P3 口有何功能？

2-5　简述晶振周期、状态周期、机器周期和指令周期的含义。它们之间有怎样的关系？如果 80C51 单片机的晶振频率分别为 6MHz、11.0592MHz、12MHz 时，机器周期分别为多少？

2-6　80C51 单片机有几种复位方法？复位后各特殊功能寄存器的状态如何？

2-7　80C51 单片机的片内、片外存储器如何选择？

2-8　简述程序状态字寄存器 PSW 中各位的含义。

2-9　80C51 单片机的程序存储器低端的几个特殊单元的用途如何？

2-10　计算机的两种通信方式是什么？各有什么特点？

2-11　80C51 单片机串行口有几种工作方式？如何选择？简述其特点。

2-12　若 80C51 单片机工作在方式 1，允许串行口接收，双机通信，试确定串行口控制寄存器 SCON 的内容。

第3章
80C51 的指令系统

指令是 CPU 完成某种操作的命令，指令系统是指计算机能够完成各种功能的指令的集合。总体说，计算机的指令越丰富、寻址方式越多，则其总体功能就越强。

80C51 的指令系统共有 111 条，具有如下特点：

1. 从指令的字节数来说，单字节指令 49 条，双字节指令 45 条，三字节指令 17 条。

2. 从指令的执行时间来说，单周期指令 64 条，双周期指令 45 条，4 周期指令 2 条。

3. 从指令中所含操作数的多少来说，无操作数指令 3 条，单操作数指令 35 条，双操作数指令 69 条，三操作数指令 4 条。

4. 位操作指令丰富，这使 80C51 单片机的控制功能方便灵活。

3.1 指令格式及常用符号

3.1.1 汇编语言指令格式

汇编语言指令格式为

[标号：]操作码助记符［第一操作数］［，第二操作数］［，第三操作数］［；注释］

1. 标号

（1）标号是程序员根据编程需要给指令设定的符号地址，可有可无。

（2）标号由 1～8 个字符组成，第一个字符必须是英文字母，而不能是数字或其他符号。

（3）标号后必须用冒号。

（4）在程序中，不可以重复使用。

2. 操作码

操作码表示指令的操作种类，规定了指令的具体操作。

3. 操作数或操作数地址

操作数或操作数地址表示参加运算的数据或数据的存放地址，如果操作数是以它的地址的形式给出，就要先找到这个地址才能找到需要的操作数。操作数和操作数之间必须用逗号分开。

操作数一般有以下几种形式。

（1）没有操作数项，操作数隐含在操作码中，如 RET 指令。

（2）只有一个操作数，如 RL A 指令。

（3）有两个操作数，如 MOV A,#0FFH 指令，操作数之间以逗号相隔，其中，0FFH 项称为源操作数，累加器 A 项称为目的操作数。

（4）有三个操作数，如 CJNE　A,#00H,NEXT 指令，操作数之间也以逗号相隔。

4．注释

注释是对指令的解释说明，用以提高程序的可读性

注释前必须以"；"和指令分开，注释可有可无。

3.1.2　本章中符号的定义

为便于后面的学习，在这里先对指令中用到的一些符号的约定意义作以说明。

1．R_n（$n=0\sim7$）----当前工作寄存器组中的寄存器 $R_0\sim R_7$ 之一

2．R_i（$i=0,1$）-------当前工作寄存器组中的寄存器 R_0 或 R_1

3．@ --------------------间址寄存器前缀

4．#data ----------------8 位立即数/

5．#data16-------------16 位立即数

6．direct----------------片内低 128 个 RAM 单元地址及 SFR 地址

7．addr11---------------11 位目的地址

8．addr16---------------16 位目的地址

9．rel--------------------8 位地址偏移量，范围：−128～127

10．bit------------------片内 RAM 位地址、SFR 的位地址

11．（×）--------------表示 × 地址单元或寄存器中的内容

12．／-------------------位操作数的取反操作前缀

3.2　80C51 的寻址方式

寻址就是寻找指令中操作数或操作数所在地址。寻址方式就是找到存放操作数的地址，并把操作数提取出来的方法，即寻找操作数或者是操作数地址的方法。

80C51 单片机寻址方式共有 7 种：立即数寻址、直接寻址、寄存器寻址、寄存器间接寻址、变址寻址、相对寻址和位寻址。

注：对于两操作数的指令，源操作数和目的操作数均有寻址方式，若不特别指明，后面提到的寻址方式均指源操作数的寻址方式。

3.2.1　立即寻址

"立即寻址"是指在指令中直接给出参与操作的数据（立即数）的寻址方式，立即数前加"#"。这种寻址方式主要用于对特殊功能寄存器和指定存储单元赋予初始值。

【例 3-1】

1．MOV A，#52H

其功能是将 30H 这个立即数传送给累加器 ACC，30H 在这里称为立即数指令的机器代码为 74H、30H，双字节指令。指令的执行过程如图 3-1（a）所示。

2．MOV DPTR，#5678H

功能是将 5678H 这个立即数传送给数据指针 DPTR，其中高字节 56H 送 DPH，低字节 78H

送 DPL。指令的机器代码为 90H、56H、78H，3 字节指令。指令的执行过程如图 3-1（b）所示。

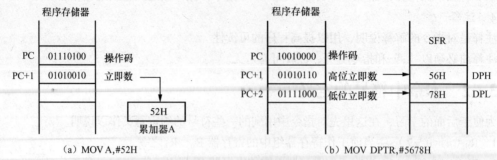

（a）MOV A,#52H　　　　　　　　　　　　　（b）MOV DPTR,#5678H

图 3-1　指令的执行过程

3.2.2　寄存器寻址

从寄存器中读取操作数或存放操作数进寄存器，寄存器寻址的操作数在规定的寄存器中。
规定的寄存器有：1. 工作寄存器 R0～R7
　　　　　　　　　2. 累加器 A
　　　　　　　　　3. 双字节 AB
　　　　　　　　　4. 数据指针 DPTR
　　　　　　　　　5. 位累加器 CY

注：这些被寻址寄存器中的内容就是操作数。由于这种寻址是在 CPU 内部的访问，所以运算速度最快。

【例 3-2】

MOV A, R0　　;(A)←(R0)，该指令的功能是将 R0 中的数据传送到累加器 A 中。源操作数与目的操作数都采用了寄存器寻址。指令的执行过程如图 3-2 所示。

MOV　A,R_n　;A←(R_n) 其中 n 为 0～7 之一，R_n 是工作寄存器。

MOV　R_n,A　;R_n←(A)

MOV　B,A　;B←(A)

　　　对于指令 MOV A, R_n　　指令的机器代码为 11101xxxB，其中 xxx 与 n 的取值（0～7）对应。

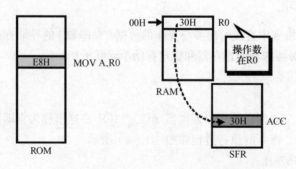

图 3-2　MOV　A, R0 指令执行过程示意图

3.2.3　寄存器间接寻址

寄存器中的内容是一个地址，由该地址单元寻址到所需的操作数。间接寻址用间址符 "@"作为前缀。

【例 3-3】

MOV　A,@R$_0$　　　;将以 R$_0$ 中内容为地址的存储单元中的数据传送至 A 中

MOVX　A,@DPTR　;将外 RAM DPTR 所指存储单元中的数据传送至 A 中

PUSH　PSW　　　;将 PSW 中数据传送至堆栈指针 SP 所指的存储单元中

MOV @R$_1$, #0FH　　;(30H)←立即数 0FH

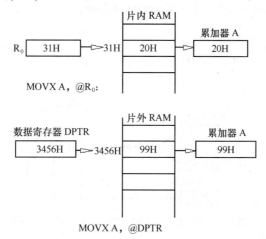

图 3-3　MOV　A,@R$_0$ 与 MOVX　A，@DPTR 指令的执行过程

注意

1. "间接"表示某寄存器中的"内容"只是一个"单元地址"，这个地址单元中存放的数据才是要找的"操作数"。

2. 符号"@"表示"在…"，其含义与读音皆同"at"。

3. 寻址空间：

片内 RAM（@R$_0$、@R$_1$、SP）

片外 RAM（@R$_0$、@R$_1$、@DPTR）

4. 所用的指令：片内：MOV　　片外：MOVX，此时间址寄存器有两种选择，一是利用 R0 或 R1 寄存器，这时 R0 或 R1 提供低八位地址（高位地址由 P2 口单独提供）；二是采用 DPTR 寄存器。

3.2.4　直接寻址

直接寻址是指在指令中包含了操作数的地址,该地址直接给出了参加运算或传送的单元或位。直接寻址方式可访问 3 种地址空间：

1. 特殊功能寄存器 SFR（该空间只能采用直接寻址）。

2. 内部数据 RAM 的低 128 个字节单元（该空间还可以采用寄存器间接寻址）。

3. 221 个位地址空间。

【例 3-4】　 MOV　A, 40H　;把 40H 单元的内容送到累加器中，即(A)←(40H)。

注：在直接寻址方式中，可以直接用符号地址代替。

例如：MOVA, P1 表示将 P1 口（地址为 90H）的数据送累加器 A。

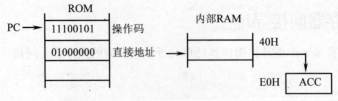

图 3-4　MOV　A，40H 的执行示意图

3.2.5　变址寻址

这种寻址方式是以数据指针 DPTR 或程序计数器 PC 作为基址寄存器，以累加器 A 作为变址寄存器，操作数地址＝基址＋变址，用于读 ROM 数据操作。

【例 3-5】

MOVC　　A,@DPTR+A

JMP　　　@A+DPTR

MOVC　　A,@ PC+A

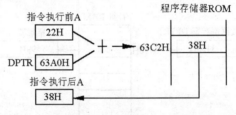

图 3-5　MOVC　A，@DPTR+A 指令执行过程

3.2.6　相对寻址

相对寻址是把指令中给定的地址偏移量 rel 与程序计数器 PC 的当前值（读出该双字节或三字节的跳转指令后，PC 指向的下条指令的地址）相加，得到真正的程序转移地址。

【例 3-6】

1．JC　80H

若 C=0，则 PC 值不变，若 C=1，则以当前 PC 值为基地址，加上 80H 得到新的 PC 值。设该转移指令存放在 1005H 单元，取出操作码后 PC 指向 1006H 单元，取出偏移量后 PC 指向 1007H 单元，所以计算偏移量时 PC 当前地址为 1007H，已经为转移指令首地址加 2，这里的偏移量以补码给出，所以 80H 代表着-80H，补码运算后，就形成跳转地址 0F87H。其过程如图 3-6（a）所示。

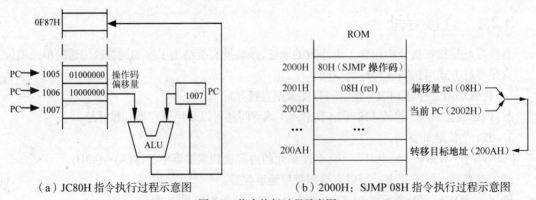

（a）JC80H 指令执行过程示意图　　　　（b）2000H：SJMP 08H 指令执行过程示意图

图 3-6　指令执行过程示意图

2．SJMP　rel；操作：跳转到的目的地址=当前 16 位 PC 值+rel

1．"当前 PC 值"指程序序中下一条指令所在的首地址，是一个 16 位数。

2．符号"rel"表示"偏移量"，是一个带符号的单字节数，范围是：−128～127（80H～7FH）。

3．在实际编程中，"rel"通常用标号代替。比如：SJMP　LOOP1。

3.2.7　位寻址

该种寻址方式中，操作数是内部 RAM 单元中某一位的信息。

单片机片内 RAM 有两个区域可以进行位寻址。具体如下：

（1）内部 RAM 中的位寻址区——该区共有 16 个单元，单元地址是 20H～2FH，一共有 128 位，位地址为 00～7FH。

（2）特殊功能寄存器的可操作位——有 11 个单元地址能被 8 整除的寄存器，它们都可以进行位寻址，实际可寻址位为 83 个。

1．使用位地址

【例 3-7】　PSW 寄存器的第 5 位可表示为 D5H。

20H 单元的第 7 位可表示为 07H。

SETB　0D5H

2．用位名称表示

【例 3-8】　PSW 寄存器的第 5 位可表示为 F0。

SETB　F0

3．单元地址加位号表示

【例 3-9】　PSW 寄存器的第 5 位可表示为 D0H.5。

20H 单元的第 7 位可表示为 20H.7。

SETB　0D0H.5

4．可以用寄存器名称加位号表示

【例 3-10】　PSW 寄存器的第 5 位可表示为 PSW.5。

SETB　PSW.5

1．里的数据只可能是一个 0 或 1。

2．有的地址十分明确，如 P1.0，ACC.7 等，有的位地址则"不太明确"，如例 3-11 所示。

【例 3-11】　CLR　P1.0　　　;(P1.0) ← 0

SETB　ACC.7　　;(ACC.7)← 1

CPL　C　　　　;(C)← NOT(C)

MOV　C,07H　　;将位地址 07H(字节地址 20H 中最高位)中的数据传送
　　　　　　　　;至进位位 Cy。

MOV　A，17H　　;(A)←(17H),17H 是字节地址

MOV　ACC.0,17H　;(ACC.0)←(17H)，这里 ACC.0 是位地址，所以该指令中的
　　　　　　　　;17H 是 22H 单元的第 7 位

指令执行过程如图 3-7 所示。

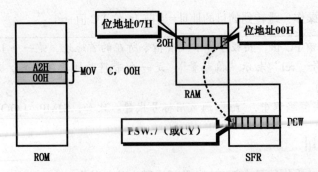

图 3-7 MOVC，00H（假设位地址 00H 内容为 1）指令执行过程

3.2.8 寻址方式小结

每一种寻址方式都有相应的寻址空间。寄存器寻址可以访问工作寄存器 R0～R7、A、B、DPTR，直接寻址可以访问内部 RAM 低 128B 和特殊功能寄存器(SFR)，寄存器间接寻址可以访问片内 RAM 低 128B 和片外 RAM 64KB，变址寻址可以访问程序存储器。要注意特殊功能寄存器(SFR) 只能采用直接寻址，片外 RAM 只能采用寄存器间接寻址。

变址寻址一般用于查表指令中，用来查找存放在程序存储器中的常数表格。根据基址寄存器的不同，又可以分为近程查表和远程查表，近程查表用 PC 作为基址寄存器，远程查表采用 DPTR 作为基址寄存器。

3.3 80C51 的指令系统简介

指令系统是计算机所固有的，是表征计算机性能特性的重要指标；同时它也是汇编语言程序设计的基础。80C51 的指令系统按照功能的不同可分为 5 大类：数据传送和交换类、算术运算类、逻辑运算类、控制转移类和位操作类。

学习指令系统时应注意以下几点。

1. 指令的格式、功能。
2. 操作码的含义，操作数的表示方法。
3. 寻址方式，源、目的操作数的范围。
4. 对标志位的影响。
5. 指令的适用范围。
6. 正确估算指令的字节数。

一般地，操作码占 1 字节；操作数中，直接地址 direct 占 1 字节，#data 占 1 字节，#data16 占两字节；操作数中的 A、B、R0～R7、@Ri、DPTR、@A+DPTR、@A+PC 等均隐含在操作码中，下面分别予以说明。

3.4 数据传送类指令（29 条）

数据传送类指令是把源操作数传送到指定目的操作数。指令执行后，源操作数的内容不变，而目的操作数的内容被修改；若要求在传送时不丢失目的操作数，则用交换传送类指令。数据传送类指令对程序状态字 PSW 的 CY、AC、OV 位不产生影响。数据传送类指令寻址范围：累加器 A、片内 RAM、SFR、片外 RAM。

数据传送类指令功能：（目的地址）←（源地址）。

3.4.1　8 位数据传送指令

8 位数据传送指令是在 80C51 内部 RAM 和特殊功能寄存器 SFR 间的传送，指令助记符为"MOV"，源操作数的寻址方式可以是立即寻址、直接寻址、寄存器寻址和寄存器间接寻址。

1. 以累加器 Acc 为目的地址的传送指令（4 条）

其功能是将源操作数的内容送入累加器 Acc。指令的表现形式如下：

```
MOV  A,#data       ; A ← (data )
MOV  A,direct      ; A ←(direct)
MOV  A,Rn          ; A ←(Rn)
MOV  A,@Ri         ; A ←((Ri))
```

【例 3-12】　以累加器 Acc 为目的地址的传送指令应用，设（R1）=50H，（45H）=20H，（50H）=10H。

```
MOV    A,#45H  ;立即寻址，;将 8 位立即数 45H 送入累加器。(A)=45H
MOV    A,45H   ;直接寻址，;将 RAM 中 45H 单元的内容送入累加器。(A)=20H
MOV    A,R1    ;寄存器寻址，;将 R1 的内容送入累加器。(A)=50H
MOV    A,@R1   ;寄存器间接寻址，;将 R1 指示的内存单元 50H 中的内容送入累
               ;加器。(A)=10H
```

2. 以直接地址为目的地址的传送指令（5 条）

其功能是将源操作数的内容送入片内 RAM 存储单元。指令的表现形式如下：

```
MOV  direct,#data     ; direct ← data
MOV  direct1,direct2  ; direct1 ←(direct2)
MOV  direct,A         ; direct ←(A)
MOV  direct,@Ri       ; direct ←((Ri))
MOV  direct,Rn        ; direct ←(Rn)
```

【例 3-13】　以直接地址为目的地址的传送指令应用，设(13H)=15H, (30H)=11H, (A)=12H, (R2)=13H。

```
MOV  20H,#23H  ;立即寻址，将 8 位立即数 23H 送入内部 RAM 20H 单元。
               ;(20H)=23H
MOV  20H,30H   ;直接寻址，将 30H 单元的内容送入内部 RAM 20H 单元。
               ;(20H)=11H
MOV  20H,A     ;寄存器寻址，;将累加器 A 的内容送入内部 RAM 20H 单元。
               ;(20H)=12H
MOV  20H,R2    ;寄存器寻址，;将 R2 的内容送入内部 RAM 20H 单元。
               ;(20H)=13H
MOV  20H,@R2   ;寄存器间接寻址，;将 R2 指示的内存单元 13H 中的内容送入
               ;内部 RAM 20H 单元。
```

3. 以通用寄存器 Rn 为目的地址的传送指令（3 条）

其功能是将源操作数的内容送入当前工作寄存器区的 R0~R7 中的某一个寄存器。指令的表现形式如下：

```
MOV  Rn,A       ; Rn ← (A)
MOV  Rn,direct  ; Rn ←(direct)
MOV  Rn,#data   ; Rn ← data
```

【例 3-14】　以通用寄存器 Rn 为目的地址的传送指令应用，设（A）=26H，（30H）35H。

```
MOV  R1,A      ;寄存器寻址,；将累加器A的内容送入R1。(R1)=26H
MOV  R2,30H    ;直接寻址,；将内部30H单元的内容送入R2。(R2)=35H
MOV  R5,#30H   ;立即寻址,；将8位立即数30H送入R5。(R5)=30H
```

4. 以通用寄存器间接地址为目的操作数的传送指令（3条）

其功能是将源操作数的内容送入以R0或R1为地址指针的内部RAM单元中。指令的表现形式如下：

```
MOV  @Ri,A        ;(Ri) ← (A)
MOV  @Ri,direct   ;(Ri) ← (direct)
MOV  @Ri,#data    ;(Ri) ← data
```

【例3-15】 以通用寄存器间接地址为目的操作数的传送指令应用,设(R0)=30H,(R1)=50H,(40H)=22H,(A)=66H。

```
MOV  @R0,A    ;寄存器寻址,；将累加器A的内容送入R0指示的内存单元。
             ;(30H)=66H
MOV  @R1, 40H  ;直接寻址,；将内部40H单元的内容送入R1指示的内存单元。
             ;(50H)=22H
MOV  @R1, #40H ;立即寻址,；将8位立即数40H送入R1指示的内存单元。
             ;(50H)=40H
```

综合上述内容,内部数据传送指令的传送入关系可表示为如图3-8所示。

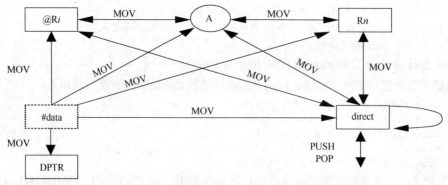

图3-8　内部数据传送类指令传送关系

1. 80C51指令系统中没有下面三条指令：
```
MOV  Rn,@Ri
MOV  Rn,Rn
MOV  @Ri,@Ri
```
2. 源操作数和目的操作数中的Rn和@Ri不能相互配对。在MOV指令中，不允许在一条指令中同时出现工作寄存器，无论它是寄存器寻址还是寄存器间接寻址。

3.4.2　16位数据传送指令

当需要对片外的RAM单元或I/O端口进行访问时，或进行查表操作时，必须将16位地址赋给地址指针DPTR，这就必须使用16位数据传送指令，这也是80C51指令系统中唯一的一条16位数据传送指令。

指令格式为：　　`MOV DPTR,#data16`　　;属于立即寻址方式。

【例3-16】　　`MOV DPTR,#2345H`　　;将16位立即数2345H送入地址

　　　　　　　　　　　　　　　　　;指针 DPTR(DPH)=23H,(DPL)=45H

3.4.3　外部数据传送指令

当 80C51 CPU 与外部数据存储器或 I/O 端口之间进行数据传送时，只能通过累加器 Acc 进行。其指令助记符为：MOVX，其中的 X 表示外部（External），指令的表现形式如下：

```
MOVX   A, @DPTR    ;A ← ((DPTR))
MOVX   @DPTR,A     ;(DPTR)←(A)
MOVX   A,@Ri       ;A ←((Ri))
MOVX   @Ri,A       ;(Ri)←(A)
```

1. 使用 R*i* 时，只能访问低 8 位地址为 00H～FFH 的地址段。
2. 使用 DPTR 时，能访问 0000H～FFFFH 的地址段。

【例 3-17】　将外部 RAM 的 4000H 单元初始化设置为 0。

```
MOV    A,#0
MOV    DPTR,#4000H
MOVX   @DPTR,A
```

【例 3-18】　从外部设备的 3000H 端口读入数据，并将该数据送入当前工作寄存器 R3。

```
MOV    DPTR,#3000H
MOVX   A,@DPTR
MOV    R3,A
```

3.4.4　查表指令

查表指令也称为 ROM 数据传送指令，功能是实现从程序存储器 ROM 中读取数据。其指令助记符为： MOVC，其中的 C 表示代码（Code），指令的表现形式如下：

```
MOVC  A, @A+PC    ;A ← ((A)+(PC))
MOVC  A, @A+DPTR  ;A ← ((A)+(DPTR))
```

查表指令示意图如图 3-9 所示。

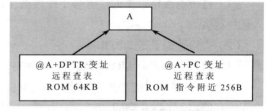

图 3-9　查表指令示意图

1. MOVC A，@A+PC 指令是单字节指令，其功能是以程序计数器 PC 的当前值（下一条指令的起始地址）作为基地址，以累加器 A 中的内容作为偏移地址量，两者相加后得到一个 16 位地址，然后把与该地址对应的 ROM 单元中的内容送累加器 A。该指令的优点是不改变 PC 的状态，仅根据累加器 A 的内容即可读取表格中的内容；缺点是表格只能存放在该查表指令后面的 256B 范围内，因此表格只能被一段程序所用。

【例 3-19】　设在程序存储器 ROM 中存放了字符 0～4 的 ASCII 码表，通过查表找出字符 3 的 ASCII 码送入当前工作寄存器 R1。

```
MOV    A,#3         ;机器码74H、03H，占2B
ADD    A,#1         ;偏移量修整，机器码24H、01H，占2B
MOVC   A,@A+PC      ;查表，机器码83H，占1B
MOV    R1,A         ;机器码F9H，占1B
ASC    DB 30h,31h,32h,33h,34h
```

设上述程序段的存放起点在 1000H，由于从查表指令到数据表的首地址之间的距离为 1B，所以在执行查表指令前必须有偏移量修整，ASCII 码表的起点地址为 1006H。

从上例可以看出：MOVC A，@A+PC 指令执行后，PC 的值不发生变化，仍指向下一条指令。该指令的执行过程可分为下面四个步骤。

（1）将所查表格数据的位置号（即数据在表格中的位号，如上例中的 33H 的位置号是 3）送入累加器 A。

（2）计算偏移量（rel）：查表指令到数据表首地址之间的距离。

（3）偏移量（rel）=表格首地址-PC 指针的当前值=表格首地址-（MOVC 指令所在的地址+1），再将 rel 作为修整量，加入到累加器 A；

（4）执行查表指令 MOVC A，@A+PC，将查表的结果送回到累加器 A。

2. MOVC A, @A+DPTR 指令也是单字节指令

其功能是以 DPTR 作为基址积存器（存放表格的首地址），以累加器 A 中的内容作为偏移地址量，两者相加后得到一个 16 位地址，然后把与该地址对应的 ROM 单元中的内容送回累加器 A。该指令的优点是执行结果只和地址指令 DPTR 及累加器 A 的内容有关，与该指令在程序中的位置和表格的存放位置无关，因此表格的大小和位置可以在 64KB 程序存储器中任意安排，且同一表格可供多个程序块使用。

【例 3-20】 用 MOVC A, @A+DPTR 指令解例 3-19。

```
MOV    A, #3           ;机器码74H、03H,占2B
MOV    DPTR, #ASC      ;或取表格首地址,占3B
MOVC   A, @A+DPTR      ;查表,机器码83H,占1B
MOV    R1, A           ;机器码F9H,占1B
ASC    DB 30h,31h,32h,33h,34h
```

从上例可以看出：MOVC A，@A+DPTR 指令执行后，DPTR 的值不发生变化。其执行过程也可分为下面三个步骤。

（1）将所查表格数据的位置号（即数据在表格中的位号，如上例中的 33H 的位置号是 3）送入累加器 A。

（2）表格首地址送 DPTR。

（3）执行查表指令 MOVC A，@A+DPTR，将查表的结果送回到累加器 A。

3. 前一条指令只能查找指所在位置 256B 范围内的代码或常数，后一条指令查表范围可达整个程序存储器的 64KB 空间。

3.4.5 堆栈指令

在 80C51 系统之中，设计了一个先进后出（FILO）或后进先出（LIFO）区域，用于临时保护数据及子程序调用、中断调用时保护现场和恢复现场，该区域称为堆栈，在 SFR 中有一个堆栈指针 SP，用以指出栈顶位置。堆栈操作指令的实质是以栈指针 SP 为间址寄存器的间址寻址方式。堆栈区应避开使用的工作寄存器区和其他需要使用的数据区，系统复位后，SP 的初始值为 07H。为了避免重叠，一般初始化时要重新设置 SP。指令的表现形式如下：

```
PUSH   direct /ACC    ;SP←(SP)+1,((SP))←(direct/ACC)
POP    direct /ACC    ;(direct/ACC)←((SP)),SP←(SP)-1
```

【例 3-21】 交换片内 RAM 中 40H 单元与 50H 单元的内容。假设 40H 的内容为 23H，50H 的内容为 45H。

```
MOV   SP,#6FH ;将堆栈设在70H以上RAM空间
PUSH  40H     ;①将40H单元的"23H"入栈,之后(SP)=70H
PUSH  50H     ;②将50H单元的"45H"入栈,之后(SP)=71H
POP   40H     ;③将SP指向的71H单元的内容弹到40H单元,之后(SP)=70H
POP   50H     ;④将SP指向的70H单元的内容弹到50H单元,之后(SP)=6FH
```

指令执行过程如图 3-10 所示。

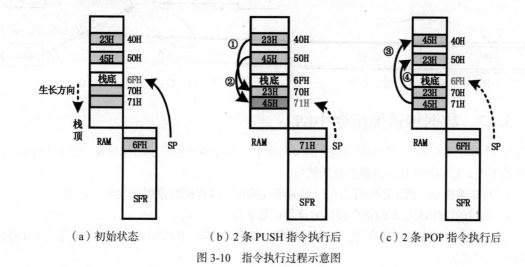

（a）初始状态　　　　　（b）2 条 PUSH 指令执行后　　　（c）2 条 POP 指令执行后

图 3-10　指令执行过程示意图

1. 如果将 PUSH　Acc 写成 PUSH A，有的汇编程序可能无法识别；POP 指令也是如此。
2. 其操作数为直接地址，不能用寄存器名。

3.4.6　数据交换类指令

若进行数据传送时，要求保存目的操作数，则可采用数据交换指令。指令的表现形式如下：

1. 整字节交换指令

```
XCH  A, Rn              ;(A) ←→(Rn)
XCH  A, direct          ;(A) ←→(direct)
XCH  A, @Ri             ;(A) ←→((Ri))
```

整字节交换类指令如图 3-11 所示。

2. 半字节交换指令

```
XCHD A, @Ri      ;(A) 3~0 ←→((Ri))3~0
```

半字节交换指令如图 3-12 所示。

图 3-11　整字节交换类指令示意图

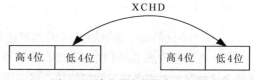

图 3-12　半字节交换指令示意图

3. 累加器 A 高低半字节的交换指令

```
SWAP A                  ;(A)3~0←→(A)7~4
```

如图 3-13 所示。

【例 3-22】　交换片内 RAM 中 40H 单元与 60H 单元的内容。

```
MOV  A,40H         ;A←(40H)
XCH  A,60H         ;(A) ←→(60H)
MOV  60H,A         ;(60H) ←(A)
```

如图 3-14 所示。

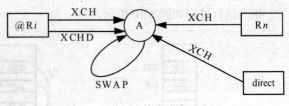

图 3-13　SWAPA 交换示意图　　　　　　图 3-14　数据交换类指令示意图

3.4.7　数据传送类指令小结

1. 数据传送类指令一般的操作是把源操作数传送到指令所指定的目标地址，指令执行后，源操作数不变，目的操作数为源操作数所代替。

2. 传送类指令一般不影响标志位，只有堆栈操作可以直接修改程序状态字 PSW。

3. 对目的操作数为 A 的指令将影响奇偶标志 P 位。

4. 源操作数可以采用寄存器、寄存器间接、直接、立即、基址加变址 5 种寻址方式（扣除位寻址和相对寻址）。

5. 目的操作数可以采用寄存器、寄存器间接、直接 3 种寻址方式。

3.4.8　数据传送类指令练习题

1. 写出完成下列功能的程序段。

（1）将 R0 的内容送入 R6 中。

```
MOV  A,R0
MOV  R6,A
```

（2）将片内 RAM 30H 单元的内容送入片外 60H 单元中。

```
MOV  A,30H
MOV  R0,#60H
MOVX @R0,A
```

（3）将片处 RAM 1000H 单元的内容送入片内 20H 单元中。

```
MOV  DPTR,#1000H
MOV  A,@DPTR
MOV  20H,A
```

（4）将 ROM 2000H 单元的内容送入片内 RAM 的 30H 单元中。

```
MOV  A,#0
MOV  DPTR,#2000H
MOVC A,@A+DPTR
MOV  30H,A
```

2. 使用不同的指令将累加器 A 的内容送至内部 RAM 的 26H 单元。

解：在访问内部 RAM 时，可以有多种寻址方式供选择，在实际应用中要注意根据实际情况选择合适的寻址方式来进行数据传送。可以通过下面指令采用不同寻址方式实现。

（1）MOV　　26H, A　　　;目的操作数采用直接寻址，源操作数采用寄存器寻址

（2）MOV　　R0,#26H

　　　MOV　　@R0,A　　　;目的操作数采用寄存器间接寻址，源操作数采用寄存器寻址

（3）MOV　　26H,ACC　　;采用直接寻址

（4）MOV　　26H,0E0H　　;采用直接寻址

（5）PUSH　　ACC　　　　;利用栈操作，直接寻址

　　　POP　　26H

3. 在程序存储器中有一平方表，从 2000H 单元开始存放，试通过查表指令查找出 6 的平方。

解：采用 DPTR 作为基址寄存器的查表程序比较简单，查表范围大，也容易理解。只要预先使用一条 16 位数据传送指令，把表的首地址 2000H 送入 DPTR，然后进行查表就可以了。相应的程序如下：

```
MOV  A,#6          ;设定备查的表项
MOV  DPTR,#2000H   ;设置 DPTR 为表始址
MOVC A,@A+DPTR     ;将 A 的平方值查表后送 A
```

如果需要查找其他数的平方，只需要将累加器 A 的内容（变址）改一下即可。

3.5　算术运算类指令（24 条）

算术运算指令有加法、减法、乘法、除法以及加 1 和减 1 等运算。这类指令多数以累加器 A 为源操作数之一，同时又将累加器 A 作为目的操作数。

除加 1 和减 1 指令外，其他所有的指令都将影响程序状态字 PSW 的标志位。这几个状态标志位意义如下：

1. CY 为 1，无符号数（字节）加减发生进位或借位。

2. OV 为 1，有符号数（字节）加减发生溢出错误。

3. AC 为 1，十进制数（BCD 码）加法的结果应调整。

4. P 为 1，存于累加器 A 中操作结果的"1"的个数为奇数。

算术运算类指令对这些状态标志的影响如表 3-1 所示。

表 3-1　　　　　　　　　　　算术运算类指令对状态标志的影响

指令 标志	ADD、ADDC、SUBB	DA	MUL	DIV
CY	√	√	0	0
AC	√	√	×	×
OV	√	×	√	√
P	√	√	√	√

注：符号√表示相应的指令操作影响标志；符号 0 表示相应的指令操作对改标志清 0；符号×表示相应的指令操作不影响标志。另外，INC A 和 DEC A 指令影响 P 标志。

为了深入理解算术运算过程以及对状态标志的影响，可以通过一个加法运算示例进行观察和分析。

【例 3-23】　有 2 个参与相加的机器数，一个是 84H，另一个是 8DH。试分析运算过程及其对状态标志的影响。

如图 3-15 所示。

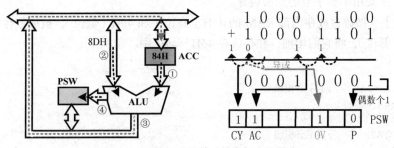

图 3-15　运算过程及其对状态标志的影响

结果：CY 为 1；AC 为 1；OV 为 1；P 为 0。

3.5.1 加法指令

1. 不带进位的加法指令（4 条）

```
ADD  A,Rn              ;(A)←(A)+(Rn)
ADD  A,direct          ;(A)←(A)+(direct)
ADD  A,@Ri             ;(A)←(A)+((Ri))
ADD  A,#data           ;(A)←(A)+ data
```

加法运算影响 PSW 的标志位。

如果 D3 位有进位，则辅助进位标志 AC 置位；否则 AC 为 0（不管 AC 原来是什么值）。如果 D7 位有进位，则进位标志 CY 置位；否则 CY 为 0（不管 CY 原来是什么值）。如果 D6 位和 D7 位中一个有进位而另一个无进位，则 OV=1，溢出。

【例 3-24】 若有 2 个无符号数存于累加器 A 和 RAM 的 30H 单元，即（A）=84H，（30H）=8DH，试分析执行指令 ADD A，30H 后的结果。

由于对无符号数相加，要考察 CY。由图 3-15 可知，CY=1，因此知道运算的结果发生了进位，即实际值应该是 100H+11H。

所以，在实际应用中，编程者应确保单字节无符号数运算结果不要超过 255。当结果可能大于 255 时，就要将数据采用多字节形式表示。

【例 3-25】 若有 2 个有符号数存于累加器 A 和 RAM 的 30H 单元，即（A）=84H，（30H）=8DH，试分析执行指令 ADD A，30H 后的结果。

有符号数相加，只需考察溢出标志 OV 即可。由图 3-15 可见 OV=1，因此可知运算的结果发生了溢出，这说明累加器 A 中的结果已经不是正确的值了。

编程者应确保单字节有符号数运算结果不超过−128～127。否则，就要将数据用多字节表示或在程序运行中对状态标志进行判断，并根据判断情况进行相应处理。

综上可知，编程者在编程之前就首先要判断出参与运算的数据是有符号还是无符号数，然后根据结果的状态标志进行判断：无符号数用 JNC 或 JC，有符号数要用 JNB 或 JB。

【例 3-26】 将内部 RAM 中 40H 和 41H 单元的数相加，再把和送到 42H 单元。

```
MOV  A, 40H
ADD  A, 41H
MOV  42H, A
```

2. 带进位的加法指令（4 条）

```
ADDC A,Rn         ;A←(A)+(Rn)+(CY)
ADDC A,direct     ;A←(A)+(direct)+(CY)
ADDC A, @Ri       ;A←(A)+((Ri))+(CY)
ADDC A, #data     ;A←(A)+data+(CY)
```

该类指令主要用于多字节的加法运算。

【例 3-27】 加数存放在内部 RAM 的 41H（高位）和 40H（低位），被加数存放在 43H（高位）和 42H（低位），将它们相加，和存放在 46H～44H 中。

```
CLR   C
MOV   A,40H
ADD   A,42H      ;低字节相加
MOV   44H, A
MOV   A,41H
ADDC  A,43H      ;高字节相加
MOV   45H,A
CLR   A
```

```
ADDC    A, #00H          ;处理进位
MOV     46H,A
```

3. 加 1 指令（5 条）

加 1 指令又称为增量指令，其功能是使操作数所指定的单元的内容加 1。

```
INC  A                  ;A ← (A)+1
INC  Rn                 ;Rn ← (Rn)+1
INC  direct             ;direct ← (direct)+1
INC  @Ri                ;(Ri) ← ((Ri))+1
INC  DPTR               ;DPTR ← (DPTR)+1
```

以上指令仅影响 PSW 中的奇偶标志位。

【例 3-28】 设（A）= FFH，（R0）=25H，（26H）=3AH，（DPTR）=2000H。
执行下列程序段：

```
INC  A
INC  R0
INC  @R0
INC  DPTR
```

执行后结果为：（A）=00H，（R0）=26H，（26H）=3BH，（DPTR）=2001H

【例 3-29】 有两个 N 字节数分别存放在 30H 开始的单元和 40H 开始的单元，结果放在 40H 开始的单元。

```
     CLR  C
     MOV  R2,#N
     MOV  R0,#30H
     MOV  R1,#40H
LP:  MOV  A,@R0
     ADDC A,@R1
     MOV  @R1,A
     INC  R0
     INC  R1
     DJNZ R2,LP
     MOV  A,#00H
     ADDC A,#00H
     MOV  @R1,A
```

4. 十进制调整指令（1 条）

十进制调整指令也称为 BCD 码修正指令，这是一条专用指令。跟在加法指令 ADD 或 ADDC 后面，对运算结果的十进制数进行 BCD 码修正，使它调整为压缩的 BCD 码数，以完成十进制加法运算功能。源操作数只能在累加器 A 中，结果存入 A 中。

两个压缩的 BCD 码按二进制相加后，必须经过调整方能得到正确的和。

调整原则如下：

1. 当 A 中低 4 位出现了非 BCD 码（1010～1111）或低 4 位的进位 AC=1，则应在低 4 位加 6 调整。

2. 当 A 中高 4 位出现了非 BCD 码（1010～1111）或高 4 位的进位 CY=1，则应在高 4 位加 6 调整。

执行十进制调整指令后，PSW 中的 CY 表示结果的百位值 。

指令格式为：DA   A

【例 3-30】　　　计算 93+38

	10010011		（93）BCD
+	00111000	+	（38）BCD
	11001011　（CBH）		131

由于 D3～D0=1011 > 9，且 D7～D4 > 9，因此必须进行十进制调整：

11001011B+01100110B=1,00110001B

相应程序：

```
MOV   A,#93H
MOV   R2,#38H
ADD   A, R2
DA    A
```

执行结果：　　（A）=31，Cy=1，0V=0

【例 3-31】若（A）= 0110 1001B，表示的 BCD 码为（69）BCD，（R2）= 0101 1000B，表示的 BCD 码为（58）BCD，执行指令：

```
ADD   A,R2
DA    A
```

指令执行过程如图 3-16 所示。

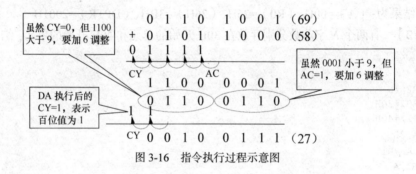

图 3-16　指令执行过程示意图

（A）= 0010 0111B，即（27）BCD，且（CY）= 1，即正确的结果为 127。

【例 3-32】　　有两个 BCD 码表示的 4 位十进制数，分别存放在内部数据存储器的 50H～51H 单元和 60H～61H 单元，试编写程序求这两个数之和，并将结果存放在 40H～42H 单元。求两个 BCD 数之和。

运算程序如下：

```
MOV   A,50H      ;取第一个数低 2 位 BCD 码
ADD   A,60H      ;加第二个数低 2 位 BCD 码
DA    A          ;十进制调整
MOV   40H,A      ;保存结果的低 2 位
MOV   A,51H      ;取高位 BCD 码
ADDC  A,61H      ;高位相加
DA    A          ;十进制调整
MOV   41H,A      ;保存结果的高 2 位
MOV   A,#00H
ADDC  A,#00H     ;计算进位
MOV   42H,A      ;保存进位
```

这条指令一般跟在 ADD 或 ADDC 指令后，将相加后存放在累加器中的结果进行十进制调整，完成十进制加法运算功能（不能用于十进制减法的调整）。

3.5.2　减法指令

1. 带借位的减法指令（4 条）

减法运算只有带借位的减法指令，而没有不带借位的减法指令。指令的功能是从累加器中减去不同寻址方式的减数以及进位位 CY 的状态，其差仍存放在累加器 A 中。如果需要实现不带借位的减法计算，应预先置 CY=0（利用 CLR　C 指令），然后用减法指令 SUBB 实现计算。SUBB 对 PSW 中的所有标志位均产生影响。

```
SUBB  A, Rn          ;A ← (A)-(Rn)-(CY)
SUBB  A, direct      ;A ← (A)-(direct)-(CY)
SUBB  A, @Ri         ;A ← (A)-((Ri))-(CY)
SUBB  A, #data       ;A ← (A)-data-(CY)
```

对于程序控制字 PSW 中标志位的影响如下：

1. CY 为 1，表示 D7 位需借位。

2. AC 为 1，表示 D3 位需借位。

3. OV 为 1，表示"D6 有借位 D7 无借位"或"D7 有借位 D6 无借位"

1. 如果要用此指令完成不带借位的减法，只需将 CY 清零即可。

2. ADDC 与 SUBB 指令其助记符与 8086 的不同。

【例 3-33】　（A）=C9H，（R2）=54H，（CY）=1，

执行指令：　SUBB　A，R2

11001001　-----（A）

01010100　-----（R2）

－　　　　1

01110100

结果：（A）=74H，CY=0，AC=0，OV=1，P=0。

2. 减 1 指令（4 条）

减 1 指令又称为减量指令，其功能是使操作数所指定的单元的内容减 1。

```
DEC  A          ;A ← (A)-1
DEC  Rn         ;Rn ← (Rn)-1
DEC  direct     ;direct ← (direct)-1
DEC  @Ri        ;(Ri) ← ((Ri))-1
```

这组指令仅 DECA 影响 P 标志，其余指令都不影响标志位的状态。

【例 3-34】　设（A）=FFH，（R0）=27H，（26H）=3AH，

执行下列程序段：　DEC A

DEC R0

DEC @R0

结果为：（A）=FEH，（R0）=26H，（26H）=3BH。

【例 3-35】 试编程计算 5678H-1234H 的值，结果保存在 R6、R5 中。

解：减数和被减数都是 16 位二进制数，计算时要先进行低 8 位的减法，然后再进行高 8 位的减法，在进行低 8 位减法时，不需要考虑借位，所以要在减法指令之前将借位标志清零。

程序如下：

```
MOV   A,#78H      ;被减数低8位送累加器
CLR   C           ;清进位标志位CY
SUBB  A,#34H      ;减去减数
MOV   R5,A        ;保存低8位
MOV   A,#56H      ;被减数高8位送累加器
SUBB  A,#12H      ;减去减数
MOV   R6,A        ;保存高8位
```

3.5.3 无符号数乘法指令

无符号数乘法指令完成 A 与 B 中两个 8 位无符号数相乘，16 位乘积的低位字节放在累加器 A，高位字节放在 B 中。

指令格式为： MUL AB ；（B）（A）←（A）×（B）

无符号数乘法指令对 PSW 标志位的影响：CY 位总是被清零的，P 是由累加器 A 中 1 的个数的奇偶性决定的。乘法运算中，若乘积大于 FFH，则 OV 标志位置 1，否则清零。除法运算中，若除数为 0，则 OV 标志位置 1，否则清零。

【例 3-36】 若（A）=80H=128，（B）=32H=50，

执行指令：MUL AB

执行结果为：（B）=19H，（A）=00H，

表示乘积为：（BA）=1900H=6400，且 OV=1，CY=0。

3.5.4 无符号数除法指令

无符号数除法指令完成 A 与 B 中两个 8 位无符号数相除，商放入累加器 A，余数放入寄存器 B 中。

指令格式为： DIV AB ；（A）←（A）/（B）：（B）

无符号数乘法指令对 PSW 标志位的影响：CY 位总是被清零的，P 是由累加器 A 中 1 的个数的奇偶性决定的，若除数为 0，则 OV 标志位置 1，否则清零。

【例 3-37】 设（A）=0BFH，（B）=32H，

执行指令： DIV AB

执行结果为： （A）=03H，（B）=29H，CY=0，OV=0。

3.6 逻辑运算与循环类指令（24 条）

3.6.1 逻辑运算类指令

逻辑操作类指令用于对 2 个操作数按位进行逻辑操作，结果送到 A 或直接寻址单元。常用的逻辑运算和移位类指令有逻辑与、逻辑或、逻辑异或、清零、求反（非）、循环移位等 24 条指令，

它们的操作数都是 8 位的。

逻辑运算都是按位进行的，除用于逻辑运算外，还可用于模拟各种数字逻辑电路的功能，进行逻辑电路的设计。

1. 逻辑与指令（6 条）

逻辑与指令的运算符号"∧"。运算规则是：0∧0=0，0∧1=0，1∧0=0，1∧=1。常用于屏蔽字节中的某些位，或者使指定位为"0"。

指令的表现形式如下：

```
ANL   A,Rn              ;A←(A)∧(Rn)
ANL   A,direct          ;A←(A)∧(direct)
ANL   A,@Ri             ;A←(A)∧((Ri))
ANL   A,#data           ;A←(A)∧ data
ANL   direct,A          ;direct←(direct)∧(A)
ANL   direct,#data      ;direct←(direct)∧data
```

【例 3-38】 读入 P1 口的数据，将其低 4 位清零，高 4 位保留，再把结果放到内部 RAM 的 40H 单元。

```
MOV   A,P1              ;读入 P1 口的数据
ANL   A,#0F0H           ;屏蔽低 4 位
MOV   40H,A             ;保存数据
```

注："与"操作常用于对某些不关心位进行清零，同时"保留"另一些关心位。

2. 逻辑或指令（6 条）

逻辑或指令的运算符号"∨"。运算规则是：0∨0=0，0∨1=1，1∨0=1，1∨=1。常用于置位字节中的某些指定位，或者使指定位为"1"。

指令的表现形式如下：

```
ORL   A,Rn              ; A←(A)∨(Rn)
ORL   A,direct          ; A←(A)∨(direct)
ORL   A,@Ri             ; A←(A)∨((Ri))
ORL   A,#data           ; A←(A)∨data
ORL   direct,A          ;direct←(direct)∨(A)
ORL   direct,#data      ; direct←(direct)∨data
```

【例 3-39】 将串口缓冲区 SBUF 中的数据送到内部 RAM40H 单元，再将其低 7 位（D6～D0）全部变成 1。

```
MOV   40H,SBUF
ORL   40H,#7FH
```

注："或"操作常用于对某些关心位进行"置 1"，不关心位保持不变。

3. 逻辑异或指令（6 条）

逻辑异或指令的运算符号"⊕"。运算规则是：0⊕0 = 0，1⊕1 = 0，0⊕1 = 1，1⊕0 = 1。常用于使字节中的某些指定位取反，或者用于判断两个字节中的数据是否相等。指令的表现形式如下：

```
XRL   A,Rn              ;A←(A)⊕(Rn)
XRL   A,direct          ;A←(A)⊕(direct)
XRL   A,@Ri             ;A←(A)⊕((Ri))
XRL   A,#data           ;A←(A)⊕ data
```

```
XRL   direct,A        ;direct←(direct) ⊕ (A)
XRL   direct,#data    ;direct←(direct) ⊕ data
```

【例3-40】 （A）=C3H，（R0）=AAH，执行指令 XRL A，R0 后，（A）=69H。

【例3-41】 如果（40H）=（60H），将 PSW 中的 F0 位置 1。

```
CLR   F0
MOV   A,40H
XRL   A,60H
JNZ   OUT         ;(A)≠0 转移到 OUT 标号
SETB  F0
OUT:  …
```

注："异或"操作常用于对某些关心位进行取反，不关心位保持不变。

【例3-42】 写出完成下列功能的指令段。

1. 对累加器 A 中的 1、3、5 位清 0，其余位不变。

```
ANL   A,#11010101B
```

2. 对累加器 A 中的 2、4、6 位置 1，其余位不变。

```
ORL   A,#01010100B
```

3. 对累加器 A 中的 0、1 位取反，其余位不变。

```
XRL   A,#00000011B
```

4. 累加器 A 清零和取反指令（2 条）

```
指令格式：  CLR A  ;(A)←00H
            CPL A  ;(A)←(/A)
```

特点：可以节省存储空间，提高程序执行效率。

【例3-43】 对某一双字节数求补码。若高 8 位存于 R1，低 8 位存于 R0，补码的结果是高 8 位仍存于 R1，低 8 位存于 R0。

```
MOV   A,R0       ;低 8 位数送 A
CPL   A          ;取反
ADD   A,#01H     ;加 1 得低 8 位数补码
MOV   R0,A       ;低 8 位补码存于 R0
MOV   A, R1      ;高 8 位数送 A
CPL   A          ;取反
ADDC  A,#00H     ;加低 8 位进位
MOV   R1,A       ;高 8 位补码存于 R1
```

【例3-44】 拆字程序：在内部 RAM 40H 单元保存有以压缩 BCD 码表示的 2 位十进制数，编程将它们拆开，分别保存在内部 RAM 的 41H、42H 单元。

程序如下：

```
MOV   A,40H      ;压缩 BCD 码送累加器
ANL   A,#0FH     ;高 4 位清 0，保留低 4 位
MOV   41H,A      ;保存低 4 位 BCD 码
MOV   A,40H      ;取数据
MOV   A,#0F0H    ;低 4 位清零，保留高 4 位
SWAP  A          ;高低位交换
MOV   42H,A      ;保存高 4 位 BCD 码
```

3.6.2 累加器循环移位

80C51 的循环移位指令只能对累加器 A 进行循环移位。可分为不带进位的循环左、右移位

（RL、RR）和带进位的循环左、右移位（RLC、RRC）两类。

1. **不带进位的循环左、右移位指令**

循环左移 RL A ;Ai+1←Ai, A0←A7

循环右移 RR A ;Ai←Ai+1, A7←A0

2. **带进位的循环左、右移位指令**

循环左移　RLC A ;Ai+1←Ai,CY←A7,A0←CY

循环右移　RRC A ;Ai←Ai+1,CY←A0,A7←CY

循环移位指令执行如图 3-17 所示。

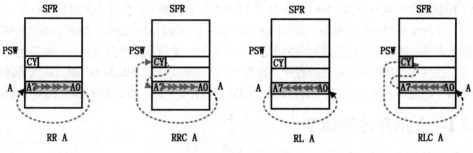

图 3-17　循环移位指令执行示意图

1. 各条指令每次只移动一位。

2. 左移一位相当于乘以 2；右移一位相当于除以 2。

3. 带进位位移动的影响标志位 CY 和 P。

【例 3-45】　设（A）=1000 1000，则执行指令"RL A"后，结果为（A）=0001 0001。

	A7	A6	A5	A4	A3	A2	A1	A0
执行RL A指令前	1	0	0	0	1	0	0	0

	A7	A6	A5	A4	A3	A2	A1	A0
执行RL A指令后	0	0	0	1	0	0	0	1

【例 3-46】　设（A）=01010101,（CY）=1。则执行指令"RLC A"后，结果为（A）=10101011,（CY）=0。

	CY	A7	A6	A5	A4	A3	A2	A1	A0
执行RLC A指令前	1	0	1	0	1	0	1	0	1

	CY	A7	A6	A5	A4	A3	A2	A1	A0
执行RLC A指令后	0	1	0	1	0	1	0	1	1

【例 3-47】　设（A）=0001 0001，则执行指令"RR A"后，结果为（A）=1000 1000。

	A7	A6	A5	A4	A3	A2	A1	A0
执行RR A指令前	0	0	0	1	0	0	0	1

	A7	A6	A5	A4	A3	A2	A1	A0
执行RR A指令后	1	0	0	0	1	0	0	0

【例 3-48】　设（A）=10101 011, (CY)=0。则执行指令"RRC A"后，结果：（A）=0101 0101,（CY）=1。

	CY	A7	A6	A5	A4	A3	A2	A1	A0
执行RRC A指令前	0	1	0	1	0	1	0	1	1

	CY	A7	A6	A5	A4	A3	A2	A1	A0
执行RRC A指令后	1	0	1	0	1	0	1	0	1

3.7 控制转移类指令（17条）

为了控制程序的执行方向，80C51 提供了 17 条控制转移指令，可分为无条件转移指令、条件转移指令、子程序调用及返回指令。编程的灵活性取决于控制转移类指令，特别是条件转移指令。转移类指令丰富就能很方便地实现程序的向前、向后跳转，并根据条件分支运行、循环运行、调用子程序等。这些指令功能是通过修改程序计数器 PC 内容来实现的，因为 PC 的当前值是将要执行的下一条指令的地址。除了 CJNE 影响 PSW 的进位标志位 CY 外，其余均不影响 PSW 的标志位。

3.7.1 无条件转移指令

1．短跳转

```
AJMP addr11; PC ← (PC) + 2, PC₁₀~₀ ← addr11
```

该指令执行时，先将 PC 的内容加 2（从而 PC 指向 AJMP 的下一条指令），然后把指令编码的 11 位地址码（操作码的高 3 位+低字节 8 位）传送到 $PC_{10\sim0}$，而 $PC_{15\sim11}$ 保持原来内容（由于程序运行而处于不同的页）不变。当前 PC 的高 5 位（即下一条指令的存储地址的高 5 位）可以确定 32 个页的 2KB 的页之一。因此，使用 AJMP 指令时，转移目标地址要在当前 PC 值所确定的页之内（跳转范围不超过 2KB）。跨出本页时汇编器会提示"TARGET　OUT　OF RANGE"。地址形成示意图如图 3-18 所示。

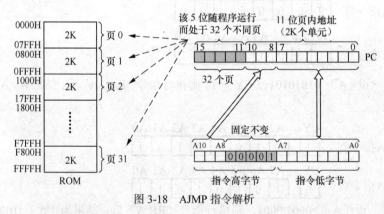

图 3-18　AJMP 指令解析

【例 3-49】　若 AJMP 指令地址为 3000H，AJMP 后面带的 11 位地址 addr11 为 123H，则执行指令 AJMPaddr11 后转移的目的位置是多少？

AJMP 指令的 PC 值加 2=3000H+2=3002H=0011 0 000 0000 0010B。

指令中的 addr11=123H=001 0010 0011B。

转移的目的地址为 00110 001 0010 0011B=3123H。

2．长跳转

```
LJMP addr16 ; PC ← addr16
```

　　LJMP 称为长转移指令，其机器码为：02H、a15～a8B、a7～a0B，占 3B。执行这条指令时就将 addr16 的内容赋给 PC，程序无条件的转移到程序存储器 PC 中与 addr16 对应地址单元执行，跳转范围 64KB。跳转过程如图 3-19 所示。

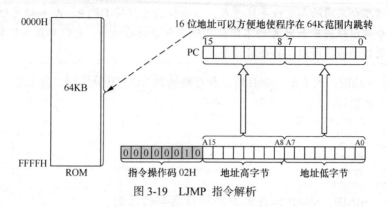

图 3-19　LJMP 指令解析

　　3. 相对转移指令：SJMP rel　　　；PC←（PC）+2+rel

　　相对转移指令的机器码为：80H、rel，占 2B。由于 rel 是一个用补码表示的带符号的 8 位二进制数，所以其相对转移范围为−128～127，共 256B 区域。

　　转移目标地址为：源地址+2+rel= PC 当前值（（PC）+2）+rel。

　　若偏移量 rel 为 FEH（−2 的补码），则转移目标地址就等于源地址即程序始终运行 SJMP 指令，相当于动态停机，这弥补了 80C51 没有专用停机指令的遗憾。动态停机的软件实现指令为：

```
HERE: SJMP HERE
```

　　或者写为：SJMP　$　　　；"$"表示该指令首字节所在的地址，此时可省略标号。

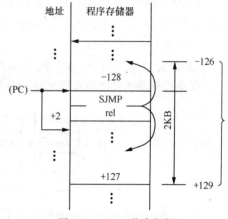

图 3-20　SJMP 指令解析

　　【例 3-50】　若 "NEWADD" 为地址 1022H，PC 的当前值为 1000H。执行指令 SJMP NEWADD 后，程序将转向 1022H 处执行（rel=20H= 1022H−1000H−2）。解析如图 3-21 所示。

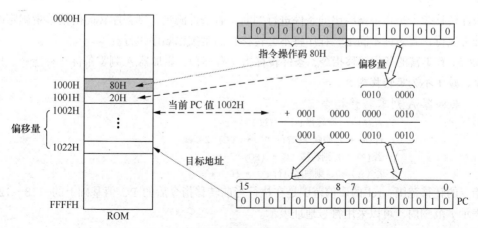

图 3-21　例 3-50 题解析

4. 变址寻址转移指令（散转指令）

汇编指令格式	机器指令格式	操 作
MP @A+DPTR	73H	PC ← (A)+(DPTR)

注意　　　该指令采用的是变址寻址方式，指令执行过程对 DPTR、A 和标志位均无影响。这条指令可以根据累加器 A 的不同值实现多个方向的转移，可代替众多的判断跳转指令，具有散转功能，所以又称散转指令。

【例 3-51】　功能：当（A）=00H 时，程序将转到 ROUT0 处执行；当（A）=02H 时，程序将转到 ROUT1 处执行。

```
        MOV  DPTR,#TABLE
        JMP  @A+DPTR
TABLE:AJMP  ROUT0
        AJMP  ROUT1
        AJMP  ROUT2
        AJMP  ROUT3
```

5. LJMP、AJMP、SJMP 三条无条件转移指令的区别

（1）转移范围不一样。

LJMP 转移范围是 64KB；AJMP 转移范围是 2KB；SJMP 转移范围是−128B～+127B。使用 AJMP 和 SJMP 指令应注意转移目标地址是否在转移范围内，若超出范围，程序将出错。

（2）指令字节不一样。

LJMP 是 3 字节指令；AJMP、SJMP 是 2 字节指令。

无条件转移指令跳转范围比较如图 3-22 所示。

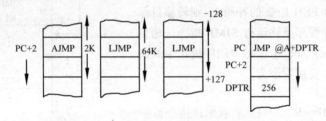

图 3-22　无条件转移指令跳转范围比较

3.7.2　条件转移指令

条件转移指令是指根据给出的条件进行判断，若条件满足，则程序转向由偏移量确定的目的地址处去执行；若条件不满足，程序将不会转移，而是按原顺序执行。

80C51 有丰富的条件转移指令，条件转移指令有三种：累加器 A 判零条件转移指令、比较转移指令、减 1 不为零转移指令。

1. 累加器 A 判零转移指令

```
JZ  rel      ; 若(A)=0,则转移 PC ←(PC)+2+rel
             ; 若(A)≠0,则顺序执行: PC ←(PC)+2
JNZ  rel     ; 若(A)≠0,则转移 PC ←(PC)+2+rel
             ; 若(A)=0,则顺序执行 PC ←(PC)+2
```

指令的转移范围：rel 的取值范围是在执行当前转移指令后的 PC 值基础上的−128～127（用补码表示）范围内，可以采用符号地址表示。

偏移量 rel 的计算方法：rel = 转移目标地址−转移指令地址（当前 PC 值）−2。

【例 3-52】　根据内部 RAM 30H 单元的内容对寄存器 R2 赋值。若（30H）=0，则 R2=40H，否则 R2=30H。

```
     MOV   A,30H
     JZ    OUT          ;若(30H)=0 则转移
     MOV   R2,#30H
OUT:    MOV  R2,#40H
```

【例 3-53】　将外部数据存储器中 ADDR1 开始的一个数据块传送到内部数据存储器 ADDR2 开始的单元中，当遇到传送的数据为零时停止。

分析：对外部 RAM 单元的访问必须使用 MOVX 指令，其目的操作数为累加器 A，即必须首先将外部 RAM 单元的值读入到累加器 A 中，然后再写入片内 RAM 中。根据题意，将外部 RAM 的值读入累加器 A 后，需要利用判零条件决定是否要继续读片外 RAM 的值。参考源程序如下：

```
     MOV   DPTR, #ADDR1     ;外部数据块首址送 DPTR
     MOV   R1, #ADDR2       ;内部数据块首址送 R1
NEXT:  MOVX  A, @DPTR        ;读外部 RAM 数据
HERE:  JZ   HERE            ;(A)=0，动态停机
     MOV   @R1, A           ;数据传送至内部 RAM 单元
     INC   DPTR             ;修改地址指针，指向下一地址单元
     INC   R1
     SJMP  NEXT             ;取下一个数
```

　　从 HERE：JZ　HERE 看出，当 A＝0 时，程序转移到标号为 HERE 的地址，但是 HERE 还是本条语句，实现数据为零停止。

2. 比较（不相等）转移指令

比较转移指令的格式：　CJNE　<目的操作数>，<源操作数>，rel

　　（1）当<目的操作数>为 A 时，<源操作数>可以是#data、direct。
　　（2）当<目的操作数>为 Rn、@Ri 时，<源操作数>只能是#data。

比较转移指令的比较实质是减法运算，影响 CY 标志位，但不保存最后的差值，并且两个操作数的内容不变，比较（不相等）转移指令的机器码占 3B。指令的表现形式为：

```
CJNE   A, #data, rel
CJNE   A, direct, rel
CJNE   Rn, #data, rel
CJNE   @Ri, #data, rel
```

若<目的操作数>=<源操作数>，则程序顺序执行：PC←(PC)+ 3,CY = 0
若<目的操作数>><源操作数>，则程序转移：PC←(PC)+3 +rel,CY = 0
若<目的操作数><<源操作数>，则程序转移：PC←(PC)+3+rel,CY = 1

【例 3-54】　如果（A）=00H，执行 SUB1 程序段；如果（A）=10H，执行 SUB 程序段；如果（A）=20H，执行 SUB3 程序段。

其功能程序段如下：

```
CJNE   A,#00H, NEXT1
SJMP   SUB1
NEXT1: CJNE   A,#10H,NEXT2
```

```
        SJMP    SUB2
NEXT2:  CJNE    A,#20H,NEXT3
SUB3:   ……
          ⋮
SUB2:   ……
          ⋮
SUB1:   ……
          ⋮
NEXT3:
          ⋮
```

3. 减 1 非零转移

```
DJNZ  Rn,rel    ;Rn←(Rn)-1
                ;若(Rn)≠0,则转移 PC←(PC)+2+rel
                ;若(Rn)=0,则程序顺序执行 PC←(PC)+2
DJNZ  direct,rel ;direct←(direct)-1
                ;若(direct)=0,则程序顺序执行 PC←(PC)+3
                ;若(direct)≠0,则转移 PC←(PC)+3+rel0
```

【例 3-55】 将内部 RAM 中 30H～3FH 的数依次送到 70H～7FH 单元中。

```
      MOV   R0,#30H    ;数据源首地址
      MOV   R1,#70H    ;数据存放目标首地址
      MOV   R2,#10H    ;数据个数
LOOP: MOV   A,@R0      ;取一个数
      MOV   @R1,A      ;传送一个数
      INC   R0         ;修改源地址指针
      INC   R1         ;修改目的地址指针
      DJNZ  R2,LOOP    ;传送完?
```

【例 3-56】 将 5000H～501FH 开始的外部 RAM 单元清零。

```
START: MOV   R0, #20H    ;循环次数
       MOV   DPTR,#5000H ;数据首地址
       MOV   A, #00H     ;(A) = 0
LOOP:  MOVX  @DPTR, A    ;(DPTR) = 0
       INC   DPTR        ;修改地址指针
       DJNZ  R0, LOOP    ;传送完?
```

3.7.3 调用与返回指令

通常把具有一定功能的公用程序段作为子程序，在主程序中采用指令调用子程序，子程序的最后一条指令为返回主程序指令（RET）。

80C51 指令系统中有两条调用指令，分别是绝对调用和长调用指令。主程序调用子程序及从子程序返回主程序的过程如图 3-23 所示。

1. 调用

（1）绝对调用指令

```
ACALL addr11; PC←(PC) +2
            ;SP←(SP)+1,(SP)←(PC)7~0
            ;SP←(SP)+1,(SP)←(PC)15~8,(PC)10~0←addr11
```

其中，addr11 为 11 位地址，实际编程时可以用符号地址，并且只能在 2KB 范围以内调用子程序。

（2）长调用指令

```
LCALL addr16;PC←(PC)+3
```

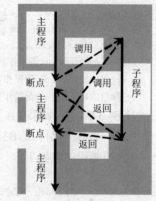

图 3-23 子程序调用过程

```
                  ; SP←(SP) +1,((SP))←(PC)7~0
                  ; SP ←(SP)+1,((SP))←(PC)15~8, (PC)15~0←addr16
```

其中，addr16 为 16 位地址，实际编程时可以用符号地址，可以在 64KB 范围以内调用子程序。

　　　调用指令执行时要将返回地址入栈，初始化时必须设置合适的 SP 值（默认值为 07H）。

2. 返回

（1）子程序返回指令

```
RET       ;PC8~15 ← ((SP))，弹出断点高 8 位，SP ← (SP)-1
          ;PC0~7 ← ((SP))，弹出断点低 8 位，SP ← (SP)-1
```

　　　本指令的作用是从子程序返回。当程序执行到本指令时，表示结束子程序的执行，返回调用指令（ACALL 或 LCALL）的下一条指令处（断点）继续往下执行。因此，它的主要操作是将栈顶的断点地址送 PC，于是，子程序返回主程序继续执行。

（2）中断返回指令

```
RETI      ;PC8~15 ← ((SP))，弹出断点高 8 位，SP ← (SP)-1
          ; PC0~7 ← ((SP))，弹出断点低 8 位，SP ← (SP)-1
```

　　　本指令是中断返回指令，除具有 RET 指令的功能外，还具有开放低优先级中断、恢复中断逻辑等功能。在编程时不能将两种返回指令混用，中断返回一定要安排在中断服务程序的最后。

3.7.4　空操作指令

汇编指令格式	机器指令格式	操　作
NOP	00H	PC ← (PC)+1

　　　这是一条单字节指令，除 PC 加 1 指向下一条指令以外，它不执行其他任何操作，不影响其他寄存器和标志位。NOP 指令常用来产生一个机器周期的延迟，用来编写软件延时程序。

3.7.5　控制转移类指令应用实例

【例 3-57】　编程判断内部 RAM 30H 单元中的数据是奇数还是偶数，如果是偶数，程序转向 PROG0 处，如果是奇数程序转向 PROG1 处（0 按照偶数对待）。

　　解：程序如下：

```
    MOV   A,30H        ;数据送累加器
    ANL   A,#01H       ;高 7 位清 0,保留最低位
    JZ    PROG0        ;如果全为 0 说明是偶数,转向 PROG0
    SJMP  PROG1        ;数据为奇数,转向 PROG1
```

【例 3-58】　利用 DJNZ 指令和 NOP 指令编写一循环程序，实现延时 1ms（晶振频率为 12MHz）。

　　解：程序如下：

```
       DELAY: MOV R1,#0AH  ;1μs
LOOP:  MOV   R2,#30H       ;1μs
       DJNZ  R2,$          ;2×48μs
```

```
DJNZ    R1,LOOP         ;1μs×(1+2×48+2)×10
NOP                     ;1μs
NOP                     ;1μs
NOP                     ;1μs
NOP                     ;1μs
NOP                     ;1μs
RET                     ;2μs
```

总的延时时间为：1+(1+2×48+2)×10+7=998μs，若再加上调用本子程序的调用指令所用的时间 2μs 共 1000μs，即 1ms。

3.8 位操作类指令（17 条）

80C51 硬件结构中有个位处理机又称布尔处理机，它具有一套完整的处理位变量的指令集，包括位变量传送、逻辑运算、控制程序转移指令等。在进行位寻址时，PSW 中的进位标志 CY 作为位处理机的累加器，称为位累加器。

位寻址空间包括以下两部分：

1. 片内 RAM 中位寻址区——即字节地址 20H～2FH 单元中连续的 128 个位，位地址为 00H～7FH。

2. 部分特殊功能寄存器中的可寻址位——凡 SFR 中字节地址能被 8 整除的特殊功能寄存器都可以进行位寻址，位地址为 80～F7H，一共 83 位。

3.8.1 位传送指令

```
MOV  C,bit           ;C ← (bit)
MOV  bit,C           ;bit ← (C)
```

1. 本指令一个操作数为位地址(bit)，另一个必定为位累加器 C(即进位标志位 CY)。此指令不影响其他寄存器或标志位。

2. 在位操作指令中，位地址 bit 表示方法除前面已讲过的 4 种之外，如果事先用伪指令定义，还可以采用伪指令定义过的字符名称来表示一个可寻址位。

【例 3-59】 将位地址为 20H 的内容传送到 P1.0。

```
MOV    C, 20H             ;CY←(24H.0)
MOV    P1.0, C            ;P1.0←(CY)
```

3.8.2 位状态设置指令

1. 位清零

汇编指令格式	机器指令格式	操 作
CLR C	C3H	C ← 0
CLR bit	C2H bit	bit ← 0

本指令执行结果不影响其他标志位。当直接位地址为端口 P0～P3 中的某一位时，具有"读—改—写"功能。

2. 位置 1 指令

汇编指令格式	机器指令格式	操 作
SETB C	D3H	C ← 1

SETB bit	D2H bit	bit ← 1

　　本指令执行结果不影响其他标志位。当直接位地址为端口 P0～P3 中的某一位时，具有"读—改—写"功能。

3.8.3　位逻辑运算指令

1. 位逻辑与运算指令

汇编指令格式	机器指令格式	操　作
ANL C,bit	82H bit	C ← (C)∧(bit)
ANL C,/bit	B0H bit	C ← (C)∧(bit)

2. 位逻辑或

汇编指令格式	机器指令格式	操　作
ORL C,bit	72H bit	C ← (C)∨(bit)
ORL C,/bit	A0H bit	C ← (C)∨(bit)

　　斜杠"/"表示对该位取反后再参与运算，但不改变原来的数值。80C51 单片机中没有位逻辑"异或"指令。

3. 位取反指令

汇编指令格式	机器指令格式	操　作
CPL C	B3H	C ← (C)
CPL bit	B2H bit	bit ← (/bit)

　　本指令执行结果不影响其他标志位，当直接位地址为端口 P0～P3 中的某一位时，具有"读—改—写"功能。

【例 3-60】　编程实现 P1.0 与 P1.1 相与，并与/P1.2 再相与，P3.0 输出。

```
MOV C,P1.0
ANL C,P1.1
ANL C,/P1.2
MOV P3.0,C
```

【例 3-61】　编程实现内部 RAM 的 20H 单元中只要有一位为 1，则 P1.0 输出 1。

```
MOV C,00H
ORL C,01H
ORL C,02H
ORL C,03H
ORL C,04H
ORL C,05H
ORL C,06H
ORL C,07H
MOV P1.0,C
```

3.9　伪　指　令

　　80C51 单片机的 111 条汇编指令中，未涉及变量、常量和数组的定义，也未涉及到存储空间分配的定义，为了解决这些问题，所以 80C51 单片机提供了伪指令来解决上述问题。伪指令不是真正的指令，没有对应的机器码，在汇编时不产生供 CPU 直接执行的机器码（即目标程序），只是用来对汇编过程进行某种控制。例如：规定汇编生成的目标程序在程序存储器中的存放区域，给源程序中的符号或标号赋值以及指示汇编的结束等。常用伪指令如下。

1. ORG 伪指令：定位伪指令

格式：ORG addr16

功能：用于定义源程序或数据块在存储器中存放的起始地址。

如：ORG　8000H

START: MOV A,#30H

此时规定该段程序的机器码从地址 8000H 单元开始存放。

在每个汇编语言源程序的开始，都要利用 ORG 伪指令来指定该程序在存储器中存放的起始位置。若省略，则该程序段从 0000H 单元开始存放。

 可多次用 ORG 规定不同程序块或数据表存放的起始地址，但地址必须由小到大顺序设置，不允许空间重叠。

2. END 伪指令：结束伪指令

格式：END 或 END 标号

功能：用在源程序的最后，表明程序的结束。如果源程序是一段子程序，则写 END；如果源程序是主程序，则写 END 标号，其中标号就是该主程序第一条指令的符号地址。

 该指令必须位于源程序的最后一行，且只能在该程序模块中出现一次。

3. DB 伪指令：定义字节伪指令

格式：[标号:]　DB　项或项表（字节常数\字符\表达式）

功能：用于定义字节的内容，即将项或项表中各字节依次存入标号开始的连续存储单元，项或项表中各字节间要用","分开。

【例 3-62】　ORG　3000H

TAB1: DB 12H,34H
　　　 DB '5','A','abc'

汇编后，各个数据在存储单元中的存放情况如下：

地址	3000H	3001H	3002H	3003H	3004H	3005H	3006H
内容	12H	34H	35H	41H	61H	62H	63H

4. DW 伪指令：叫定义双字节（字）伪指令

格式：[标号:]　DW　项或项表（字\字串）

功能：与 DB 类似，用于定义字的内容，一个字占两个存储单元。

【例 3-63】　ORG　3000H

TAB2: DW 1234H,5678H

汇编后，各个数据在存储单元中的存放情况如下：

地址	3000H	3001H	3002H	3003H
内容	12H	34H	56H	78H

5. EQU 伪指令

格式：标号 EQU 操作数

功能：将 EQU 指出的操作数赋给标号。

注意　　　　用 EQU 定义的"符号名"一经定义便不能重新定义和改变。

6. $伪指令

字符"$"在汇编中具有一种特殊的意义，把它称为程序计数器，表示位置计数器的当前值。

例如：　SJMP $

【例 3-64】　问下列程序段汇编后，从 1000H 开始的各有关存储单元的内容将是什么？

```
ORG 1000H
TAB1  EQU  1234H
TAB2  EQU  3000H
DB "START"
DW TAB1,TAB2,7000H
END
```

地址	1000H	1001H	1002H	1003H	1004H	1005H	1006H	1007H	1008H	1009H	100AH
内容	53H	54H	41H	52H	54H	34H	12H	00H	30H	00H	70H

7. bit 伪指令

格式：符号　bit　位地址

该伪指令用于给位地址赋予符号，经赋值后可用该符号代替 bit 后面的位地址。

【例 3-65】　PLG bit　FO
　　　　　　　AI　bit　P1.0

定义后，在程序中位地址 F0、P1.0 就可以通过 FLG 和 AI 来使用。

8. 定义空间伪指令 DS

格式：[标号：]　DS ＜ 表达式＞

功能：从指定的地址开始，保留＜表达式＞值个存储单元作为备用的空间。

【例 3-66】　ORG　1000H
　　　　　　BUF：DS　50
　　　　　　TAB：DB　22H　　　　　;22H 存放在 1032H 单元

表示从 1000H 开始的地方预留 50（1000H～1031H）个存储字节空间。

3.10　本章小结

1. 80C51 单片机具有功能强大的指令系统，根据功能可分为数据传送类指令、算术运算类指令、逻辑运算和移位操作指令、控制转移类指令和位操作指令。

2. 80C51 单片机支持多种寻址方式，分别是：寄存器寻址立即数寻址、直接寻址、寄存器间接寻址、变址寻址、相对寻址、位寻址。要注意区分不同寻址方式的区别，特别是要区分寄存器寻址和寄存器间接寻址、直接寻址和立即寻址。每一种寻址方式都有相应的寻址空间。寄存器寻址可以访问工作寄存器 R0～R7、A、B、DPTR；直接寻址可以访问内部 RAM 低 128B 和特殊功能寄存器（SFR）；寄存器间接寻址可以访问片内 RAM 低 128B 和片外 RAM 64KB；变址寻址可以访问程序存储器。要注意特殊功能寄存器（SFR）只能采用直接寻址，片外 RAM 只能采用寄存器间接寻址。

3. 变址寻址一般用于查表指令中，用来查找存放在程序存储器中的常数表格。

4. 数据传送类指令是把源地址单元的内容传送到目的地址单元中去，而源地址单元内容不变。数据传送指令分为内部数据传送指令、累加器和外部 RAM 传送指令、查表指令、堆栈操作指令等。外部 RAM 数据传送指令只能通过累加器 A 进行。堆栈操作指令可以将某一直接寻址单元内容入栈，也可以把栈顶单元弹出到某一直接寻址单元，入栈和出栈要遵循"后入先出"的存储原则。

5. 算术运算指令中，加、减、乘、除指令要影响 PSW 中的标志位 CY、AC、OV。乘、除运算只能通过累加器 A 和 B 寄存器进行。如果是进行 BCD 码运算，在加法指令后面还要紧跟一条十进制调整指令"DA A"，它可以根据运算结果自动进行十进制调整，使结果满足 BCD 码运算规则。

6. 逻辑运算是将对应的存储单元按位进行逻辑操作，将结果保存在累加器 A 中或者是某一个直接寻址存储单元中。

7. 控制转移指令的特点是修改 PC 的内容，80C51 单片机也正是通过修改 PC 的内容来控制程序流程的。80C51 的控制转移指令分为无条件转移指令、条件转移指令、子程序调用和返回指令。在使用转移指令和调用指令时要注意转移范围和调用范围。绝对转移和绝对调用的范围是指令下一个存储单元所在的 2KB 空间，长转移和长调用的范围是 64KB 空间，采用相对寻址的转移指令转移范围是 256B。

8. 位操作指令又称为布尔操作指令，采用的是位寻址方式，位寻址的寻址空间分为两部分：一是内部 RAM 中的位寻址区，即内部 RAM 的 20H～2FH 单元，一共 128 位，位地址是 00H～7FH；二是字节地址能被 8 整除的特殊功能寄存器的可寻址位，共 83 位。

思考题与习题

3-1 80C51 系列单片机的指令系统有何特点？

3-2 80C51 系列单片机指令系统中有哪些寻址方式？相应的寻址空间在何处？请举例说明。

3-3 什么是源操作数？什么是目的操作数？通常在指令中如何区分？

3-4 专用寄存器 PSW 起什么作用？它能反映哪些指令的运行状态？

3-5 片内 RAM 20H～2FH 中的 128 个位地址与直接地址 00H～7FH 形式完全相同，如何在指令中区分出位寻址操作和直接寻址操作？

3-6 将片内 RAM 60H 单元的内容传送到片内 70H 单元，试用不同的方法实现。

3-7 查表指令中都采用了基址加变址的寻址方式，使用 DPTR 或 PC 作为基址寄存器，请问这两个基址寄存器中的基址代表什么地址？

3-8 写出下列指令中源操作数的寻址方式和所在的存储空间.
```
MOV A, 40H
MOV P1, #0F0H
MOV A, @R0
MOVX A, @DPTR
MOVC A, @A+PC
```

3-9 已知（A）=7AH，（R0）=30H，（30H）=A5H，（PSW）=80H，写出下列各条指令执行后 A 和 PSW 的内容。

（1）XCH   A，R0   （2）XCH   A，30H

（3）XCH   A，@R0   （4）XCHD   A，@R0

（5）SWAP   A   （6）ADD   A，R0

（7）ADD   A，30H   （8）ADD   A，#30H

（9）ADDC   A，30H   （10）SUBB   A，#30H

3-10 分析下面程序的执行功能。

（1）
```
MOV   SP, #5FH
MOV   A, #20H
MOV   B, #10H
PUSH  A
PUSH  B
POP   A
POP   B
```

（2）
```
MOV   A, R3
ADD   A, R7
MOV   R5, A
MOV   A, R2
ADDC  A, R6
MOV   R4, A
```

（3）
```
MOV   R1, #30H
MOV   R2, #3
CLR   C
LP: MOV   A, @R1
RLC   A
MOV   @R1,A
INC   R1
DJNZ  R2, LP
```

3-11 试写出完成以下每种操作的指令序列。

（1）将 R0 的内容传送到 R1。

（2）内部 RAM 单元 50H 的内容传送到寄存器 R2。

（3）外部 RAM 单元 2000H 的内容传送到内部 RAM 单元 40H。

（4）外部 RAM 单元 1000H 的内容传送到外部 RAM 单元 2000H。

第4章
汇编语言程序设计

单片机应用系统是合理的硬件与完善的软件的有机组合。软件就是各种指令依据某种规律组合形成的程序。程序设计就是应用计算机所能识别、接受的语言符号把要解决的问题和步骤有序地描述出来，即编制计算机的程序。汇编语言程序设计是指根据任务要求，采用汇编语言的指令编制程序的过程。

4.1 程序编制的方法和技巧

4.1.1 汇编语言程序设计的步骤

1. 分析问题，抽象出描述问题的数学模型。

首先，对单片机应用系统的设计目标进行深入分析，明确系统设计任务，即功能要求和技术指标；然后对系统的运行环境进行调研并抽象出描述问题的数学模型，这是应用系统程序设计的基础和条件。

2. 确定解决问题的算法或解题思想。

经过任务分析和环境调研，已经明确的功能要求和技术指标可以用数学方法来描述，进而把一个实际的系统要求转化为由计算机进行处理的程序算法。同一个问题的算法可以有多种，结果也不尽相同，所以，应该对各种算法进行分析比较，并进行合理的优化。

3. 绘制流程图。

流程图是由特定的几何图形、指向线、文字说明来表示数据处理的步骤，形象描述逻辑控制结构以及数据流程的示意图。流程图具有简洁、明了、直观的特点。几何图形符号如图 4-1 所示。

　　　　开始/结束框　　　　　　处理框　　　　　　判断框　　　　　流向线

图 4-1　流程图元素符合

符号意义说明如下：

（1）椭圆框：开始和结束框，在程序的开始和结束时使用。

（2）矩形框：处理框，表示要进行的各种操作。

（3）菱形框：判断框，表示条件判断，以决定程序的流向。

（4）流向线：流程线，表示程序执行的流向。

4. 分配存储空间和工作单元。

5. 编制程序。

6. 程序调试和程序优化。

把汇编语言源程序翻译成目标代码（机器码）的过程称为编译。现在工程设计应用的程序大多采用机器汇编来实现的。

80C51 编译程序实现对汇编源程序（file.asm）的编译、链接，生成打印文件 file.prt、列表文件 file.lst、目标文件为 file.obj 和可执行文件为 file.exe。

程序调试和程序优化过程如图 4-2 所示。

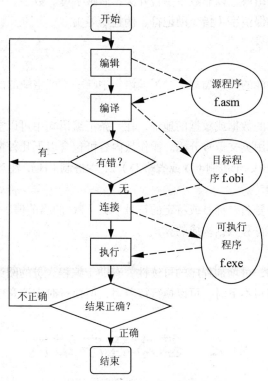

图 4-2　程序调试、优化过程

4.1.2　编制程序的方法和技巧

1. 强化模块化观念

应用程序一般由包含多个模块的主程序和各种子程序组成。每一个程序模块都要完成一个明确的任务，实现某个具体的功能，如延时、打印、显示等。采用模块化的程序设计方法，就是将不同的具体功能程序进行独立的设计和分别调试，最后将这些模块程序装配成完整的程序并进行联调。

强化模块化的程序设计有利于程序的分工和设计，有利于程序的调试和优化，有利于提高程序的阅读性和可靠性，所以，进行程序设计的学习，首先要树立起模块化的程序设计思想。

2. 采用循环和子程序结构

循环和子程序结构可以使程序占用空间减少、结构清晰简洁。

对于多重循环，要注意循环初值和结束条件，避免"死机"现象。

对于子程序，除了存放入口参数的寄存器外，子程序用到的其他寄存器的内容应利用堆栈进行现场保护，并注意栈平衡。

4.1.3 汇编语言的语句格式

汇编语言的语句格式为：

[标号:] 指令助记符　　[操作数 1,] [操作数 2,] [操作数 3,] [;注释]

1. 标号（即符号地址）

通常作为转移指令的操作数。对标号有如下规定：

（1）由 1～31 个字符组成，以非数字字符开头，后跟字母、数字、"–"、"?" 等。

（2）不能用已定义的保留字（指令助记符、伪指令等）。

（3）必须后跟英文冒号"："。

2. 指令助记符

指令助记符是指令功能的英文缩写，是汇编语句中唯一不能空缺的部分。

3. 操作数

操作数是指令要操作的数据或数据的地址，在一条汇编语句中可以空缺，也可以包括一项、两项或三项。各操作数间用英文逗号分隔。操作数内容可包含以下几种情况：

（1）数据：二进制（B），十进制（D 或省略 D），十六进制（H），注意 A～F 开头时要加"0"，ASCII 码，如"A"、"1245"。

（2）符号：可以是符号名、标号或特定的符号"$"（PC 的当前值）等。

（3）表达式：由运算符和数据构成的算式。

4. 注释

注释是对语句的说明，可增加程序的可读性，有助于编程人员的阅读和维护。该字段必须以英文分号开头，当一行书写不下时，可以换行接着写，但换行时应注意使用分号开头。

4.2 基本程序结构

程序的设计、编写和测试都采用一种规定的组织形式进行，而不是想怎么写就怎么写。这样，可使编制的程序结构清晰，易于读懂，易于调试和修改，充分显示出模块化程序设计的优点。模块化程序设计是 20 世纪 70 年代初，由 Boehm 和 Jacobi 提出并证明的结构定理，即任何程序都可以由 3 种基本结构程序构成结构化程序，这 3 种结构是顺序结构、分支（条件选择）结构和循环结构。每一个结构只有一个入口和一个出口，3 种结构的任意组合和嵌套就构成了结构化的程序。

4.2.1 顺序结构程序设计

顺序结构是按照语句实现的先后次序执行一系列的操作，它没有分支、循环和转移，直到全部指令执行完毕为止。顺序结构程序是最简单、最基本的程序。程序按编写的顺序依次往下执行每一条指令，直到最后一条。这种结构的程序一般只能实现简单的功能，往往是分支程序和循环程序等复杂程序的组成部分。

【例 4-1】　试编制双字节加法程序。设被加数的高字节放在 30H 中，低字节放在 31H 中，加数的高字节放在 32H 中，低字节放在 33H 中，加法结果的高字节放在 34H 中，低字节放在 35H 中。

解：由于 80C51 单片机的加法指令只能处理 8 位二进制数，所以双字节加法程序的算法应首先从低字节开始相加，然后依次将次低字节和来自低字节相加的进位进行加法运算。程序流程图如图 4-3 所示。

程序如下：

```
          ORG     0000H
START:    CLR     C           ;CY 复位
          MOV     A,31H       ;取被加数的低字节
          ADD     A,33H       ;低字节加
          MOV     35H,A       ;保存和数低字节于 35H 单元
          MOV     A,30H       ;取被加数的高字节
          ADDC    A,32H       ;高字节加
          MOV     34H,A       ;保存和数高字节于 34H 单元
          END
```

【例 4-2】　利用查表方法将内部 RAM 中 30H 单元的压缩 BCD 码拆开，并转换为相应的 ASCII 码，存入 31H、32H 中，原 BCD 码的低 4 位存入 31H，高 4 位存入 32H。

解：一个字节由二位 BCD 码数组成，称为压缩 BCD 码。0～9 对应的 ASCII 码为 30H～39H，将 30H～39H 按大小顺序排列放入表 TABLE 中，先将 BCD 码拆分，将拆分后的 BCD 码送入 A，表首址送入 DPTR，然后用查表指令 MOVC　A，@A+DPTR，即得结果，然后存入 31H、32H 中。程序流程图如图 4-4 所示。

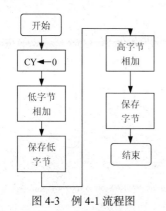

图 4-3　例 4-1 流程图

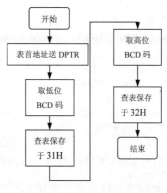

图 4-4　例 4-2 流程图

程序如下：

```
          ORG   0100H
START:    MOV   DPTR,#ASCII_TABLE   ;ASCII 码表首地址送 DPTR
          MOV   A,30H               ;取数
          ANL   A,#0FH              ;屏蔽高 4 位，取低位 BCD 码
          MOVC  A,@A+DPTR           ;查表
          MOV   31H,A               ;保存 ASCII 值
          MOV   A,30H               ;取数
```

```
            ANL   A,#0F0H              ;屏蔽低 4 位,取高位 BCD 码
            SWAP  A                    ;高 4 位与低 4 位换位
            MOVC  A,@A+DPTR            ;查表
            MOV   32H,A                ;保存 ASCII 值
ASCII_TABLE: DB   30H,31H,32H,33H,34H
            DB   35H,36H,37H,38H,39H
            END
```

【例 4-3】 片内 RAM 的 21H 单元存放一个十进制数据十位的 ASCII 码,22H 单元存放该数据个位的 ASCII 码。编写程序将该数据转换成压缩 BCD 码存放在 20H 单元。

解:程序流程图见图 4-5。

程序如下:

```
      ORG   0040H
START:MOV   A,21H        ;取十位 ASCII 码
      ANL   A,#0FH       ;保留低半字节
      SWAP  A            ;移至高半字节
      MOV   20H,A        ;存于 20H 单元
      MOV   A,22H        ;取个位 ASCII 码
      ANL   A,#0FH       ;保留低半字节
      ORL   20H,A        ;合并到结果单元
      SJMP  $
      END
```

图 4-5 例 4-3 流程图

【例 4-4】 将 8 位数据采集系统某次采样值(或滤波值)转换为 BCD 码。

解:8 位数据采集系统某次采样值(或滤波值)为二进制数,其值为 00H~0FFH,转换为 BCD 码后,将有三个 BCD 码字符(000~255)。转换的原则是:将被转换数据除以 100(64H),得到的商即为百位 BCD 码,再将余数除以 10(0AH),得到的商即为十位 BCD 码,此时的余数就是个位 BCD 码。

程序如下:

```
CY_DATA   EQU   50H              ;采样数据存放在内部 RAM 50H 单元
BCD_CODE  EQU   30H              ;存放 BCD 码的首地址
          ORG   0000H
          SJMP  START
          ORG   0030H
START: MOV   A,CY_DATA           ;读采样值
       MOV   B,#100
       DIV   AB                  ;分离百位 BCD 码
       MOV   BCD_CODE, A         ;保存百位 BCD 码数
       MOV   A, B
       MOV   B, #10
       DIV   AB                  ;分离十位 BCD 码
       MOV   BCD_CODE+1, A       ;保存十位 BCD 码数
       MOV   BCD_CODE+2, B       ;保存个位 BCD 码数
       END
```

4.2.2 分支结构程序设计

在实际问题的编程处理中,通常会遇到根据不同的条件进行判断,根据不同的判断结果程序作出不同的相应处理,这种结构称为分支。分支程序的设计主要依靠条件转移指令、比较转移指令和位转移指令来实现。分支程序的结构如图 4-6 所示:图 4-6(a)为单分支结构图 4-6(b)为

双分支结构、图 4-6（c）为多分支（散转）结构。

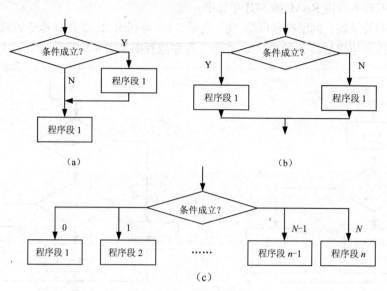

图 4-6 分支程序结构图

【例 4-5】 内部 RAM 的 30H 单元和 40H 单元各存放了一个 8 位无符号数，请比较这两个数的大小，比较结果用发光二极管显示（LED 为共阴型）：若（30H）≥（40H），则 P1.0 引脚连接的 LED1 发光；若（30H）＜（40H），则 P1.1 引脚连接的 LED2 发光。

解：比较两个无符号数常用的方法是将两个数相减，然后判断有否借位 CY。若 CY=0，无借位，则 X≥Y；若 CY=1，有借位，则 X＜Y。程序的流程图如图 4-7 所示。

方法 1 的程序如下：

```
    X  DATA  30H      ;数据地址赋值伪指令 DATA
    Y  DATA  40H
    ORG  0040H
    MOV  A, X         ;(X)→A
    CLR  C            ;CY=0
    SUBB  A,Y         ;带借位减法，A-(Y)-CY→A
    JC   L1           ;CY=1，转移到 L1
    CLR  P1.0         ;CY=0,(30H)≥(40H)，点亮 P1.0 连接的 LED1
    SJMP  FIN         ;直接跳转到结束等待
L1: CLR  P1.1         ;(30H)<(40H)，点亮 P1.1 接的 LED2
FIN: SJMP  $
END
```

方法 2 的程序如下：

```
    X  EQU  30H
    Y  EQU  40H
    ORG  0040H
    MOV  A,X
    CJNE  A,Y,$+3
    JC   L1           ;CY=1，转移到 L1
    CLR  P1.0         ;(30H)≥(40H)，点亮 P1.0 连接的 LED1
    SJMP  FIN
 L1: CLR  P1.1        ;(30H)<(40H)，点亮 P1.1 连接的 LED2
FIN: SJMP  $
    END
```

【例 4-6】 求符号函数的值。设片内 RAM 的 30H 单元内有变量 X 的值，编制程序求函数 Y 的值，并将其存入片内 RAM 的 31H 单元中。

解：X 是有符号数，判断符号位是'0'还是'1'可利用 JB 或 JNB 指令，判断 X 是否等于'0'则直接可以使用累加器 A 的判'0'指令。程序流程图如图 4-8 所示。

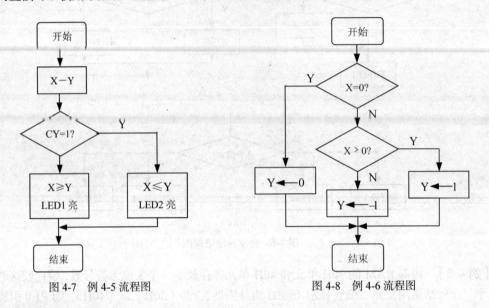

图 4-7　例 4-5 流程图　　　　　　　图 4-8　例 4-6 流程图

程序如下：

```
        ORG   1000H
START:  MOV   A, 30H            ;将 X 送入 A 中
        JZ    ZERO              ;为 0 转移
        JNB   ACC.7,POSITIVE    ;为正数转移
        MOV   A, #0FFH          ;将 1(补码)送入 A 中
        SJMP  ZERO
POSITIVE: MOV A, #01H           ;将 +1 送入 A 中
ZERO:   MOV   31H, A            ;结果存入 Y
        END
```

【例 4-7】 在某单片机系统中，有一个 4×4 键盘，键盘扫描后将键值存放在 R0 中，键值与处理子程序入口地址的标号对应关系为：

键值：　　0　　　　1　　　　　2　　　　　3　　　　　4　　…… 　F

地址：　SUB0　　SUB1　　　SUB2　　　SUB3　　　SUB4　　…… SUB15

设计实现该功能的主控程序。

解：该处理程序属于多分支程序（16 个分支），常采用方法如下：

方法 1：转移地址表，即 JMP　@A+DPTR

如果散转范围在 2KB 以内，转移表中使用 AJMP，则：

目的地址=（A）×2+表首地址

如果散转范围大于 2KB，转移表中使用 LJMP，则：

目的地址=（A）×3+表首地址

方法 2：用查表方法实现。

方法 1 的程序如下：

```
        MOV  DPTR, #ADDTAB      ;转移地址表首地址送数据指针
```

```
        MOV   A, R0                   ;取键值
        RL    A                       ;修正变址值
        JMP   @A+DPTR                 ;转向形成的散转地入口
        ......
SUB0:                                 ;按键 0 对应的处理程序段
        ......
SUB2:                                 ;按键 2 对应的处理程序段
        ......
SUB15:                                ;按键 F 对应的处理程序段
        ......
                                      ;转移地址表
ADDTAB: AJMP  SUB0
        AJMP  SUB1
        AJMP  SUB2
        AJMP  SUB3
        ......
        AJMP  SUB15
```

方法 2 的程序如下：

```
START:  MOV   DPTR,#ADDTAB
        MOV   A,R0                    ;取键值
        RL    A                       ;修正变址值
        MOV   R2, A
        MOVC  A, @A+DPTR              ;取入口地址高 8 位
        PUSH  A
        MOV   A, R2
        INC   A
        MOVC  A, @A+DPTR              ;取入口地址低 8 位
        MOV   DPL, A
        POP   DPH
        CLR   A
        JMP   @A+DPTR                 ;转向形成的散转地址入口
        ......
SUB0:   ......                        ;按键 0 对应的处理程序段
SUB2:   ......                        ;按键 2 对应的处理程序段
        ......
SUB15:  ......                        ;按键 F 对应的处理程序段
ADDTAB: DW  SUB1,SUB2,SUB3            ;转移地址表
        DW  SUB4,SUB5,SUB6
        ......
        DW  SUB14,SUB15
```

4.2.3 循环分支结构程序设计

循环结构是重复执行一系列操作，直到某个条件出现为止。循环实际上是分支结构的一种扩展，循环是否继续是依靠条件判断语句来完成的。

在汇编程序设计中，对于含有可重复执行的程序段（循环体），大多采用循环程序结构，这样可以有效地缩短程序，减少程序占用的内存空间，提高程序的紧凑性和可读性。循环程序的结构如图 4-9 所示，图 4-9（a）是一种先判断后执行的结构，称为当型循环；图 4-9（b）是一种先执行后判断的结构，称为直到型循环。在循环程序设计中，由于受 80C51 寄存器容量的限制（0～255），因此，当循环次数大于 255 时，就必须用多重循环——循环嵌套结构，方可满足循环控制要求，在多重循环结构中，只允许外重循环嵌套内重循环程序，而不允许循环体互相交叉，另外，

也不允许从循环程序的外部跳入循环程序的内部。循环程序的组成大致包括以下内容。

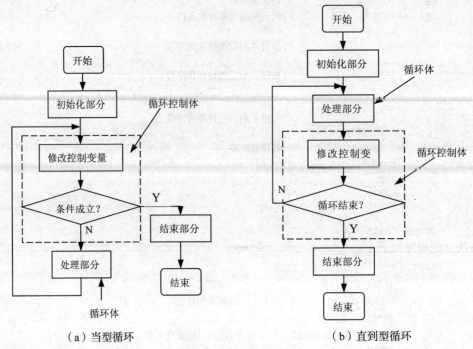

（a）当型循环　　　　　　　　　　（b）直到型循环

图 4-9　循环程序结构图

1. 循环初始化：位于循环程序开头，设置各工作单元的初始值，设定循环次数等。

2. 循环体：循环体也称为循环处理部分，是循环程序的核心；用于完成实际操作处理，是重复的执行部分。

3. 循环控制：位于循环体内，一般由循环次数修改、指针修改和条件控制等组成，用于控制循环次数的循环参数。

4. 循环结束：用于存放执行循环程序运行后的结果，以及恢复各工作单元的初值。

【例 4-8】　将外部 RAM 3000H～30FFH 单元的内容清零。

解：本例中需要指定存储器中某块的起始地址和块的长度。程序流程图如图 4-10 所示。

程序如下：

```
        ORG   0100H
START: MOV   DPTR,#3000H      ;置地址指针初始值
       MOV   R1,#00H          ;设置循环初始值
LOOP: MOV   A,#00H
       MOVX  @DPTR, A          ;当前 RAM 单元清零
       INC   DPTR             ;外部 RAM 单元加 1,修改地址指针
       INC   R1               ;循环次数加 1
       CJNE  R1,#0,LOOP        ;循环结束否?
       END
```

通过本例题的学习，学生可以了解单片读写存储器的方法。

【例 4-9】　将内部 RAM 起始地址为 60H 的数据串传送到外部 RAM 中起始地址为 1000H 的存储区域，直到发现 '$' 字符停止传送。

解：程序流程图如图 4-11 所示。

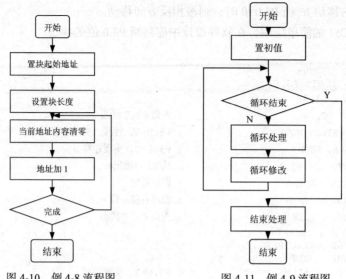

图 4-10 例 4-8 流程图　　　　　　　　图 4-11 例 4-9 流程图

程序如下：

```
MAIN:MOV   R0,#60H            ;置初值
     MOV   DPTR,#1000H
LOOP0:MOV  A,@R0              ;取数据
     CJNE  A, #24H, LOOP1     ;循环结束?
     SJMP  DONE               ;是
LOOP1:MOVX @DPTR,A            ;循环处理
     INC   R0                 ;循环修改
     INC   DPTR
     SJMP  LOOP0              ;继续循环
DONE:SJMP  DONE               ;结束处理
```

【例 4-10】 循环移位控制程序设计。在如图 4-12 所示中，当 P3.0=1 时，从 P1.0 到 P1.7 依

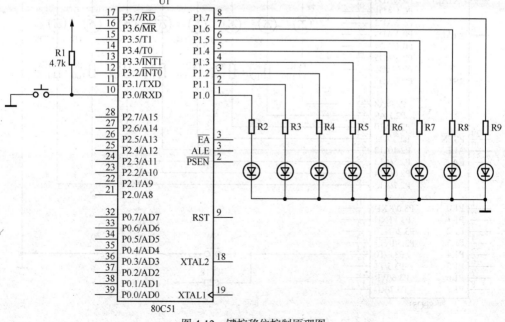

图 4-12 键控移位控制原理图

次输出"1"（右移动）；当 P3.0=0 时，则按相反方向移动。

解：此例为 80C51 的简单应用，在软件设计中应判断 P3.0 位的状态。

程序如下：

```
            ORG    0000H
            SW     BIT P3.0
    START:  MOV    R1,#8
            MOV    C,SW                ; 查询 P3.0 状态
            JC     RIGHT_MOVE          ; P3.0=1, 转移; 实现右移
LEFT_MOVE:  MOVA, #80H                 ; P3.0=0, 实现左移
    LOP1:   MOV    P1,A                ; 从 P1 口输出
            CALL   DELAY               ; 调用延时
            RR     A                   ; 循环右移一位
            MOV    C,SW                ; 查询 P3.0 状态
            JC     START
            DJNZ   R1,LOP1
            SJMP   NEXT
RIGHT_MOVE: MOV    A,#01H              ; P3.0=1, 实现右移。
    LOP2:   MOV    P1,A
            CALL   DELAY
            RL     A
            MOV    C,SW                ; 查询 P3.0 状态
            JNC    START
            DJNZ   R1,LOP2
    NEXT:   SJMP   START
    DELAY:         ......              ; 延时子程序段（参考例 4-11）
            END
```

【例 4-11】　有一键控移位电路如图 4-13 所示，设计一个程序实现以下功能：SW 按下第 1 次，D1 发光；SW 按下第 2 次，D1、D2 发光；SW 按下第 3 次，D1、D2、D3 发光……SW 按下第 8 次，D1~D8 发光；SW 按下第 9 次，D1 发光；SW 按下第 10 次 D1，D2 发光……依次轮回。

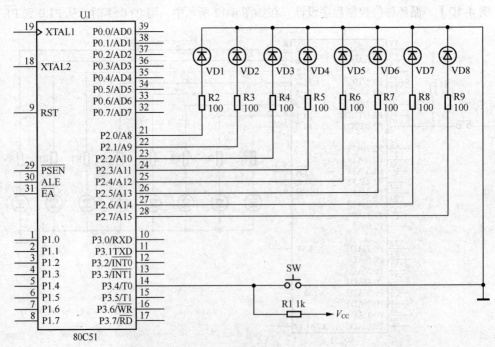

图 4-13　键控移位控制原理图

程序如下：

```
          ORG    0000H
          SW     BIT P3.4              ;定义开关位
          MOV    P2,#00H               ;熄灭所有的 LED
START:    MOV    R0,#8                 ;循环次数
          MOV    A,#00H
AGAIN:    JB     SW, AGAIN             ;检测开关的动作
          CALL   DELAY                ;延时,消除开关抖动
          JB     SW,AGAIN
          RL     A
          ORL    A,#01H
          MOV    P2,A
          DJNZ   R0,AGAIN
          SJMP   START
DELAY:    ……                          ;延时子程序段（参考【例 4-12】）
                 END
```

【例 4-12】　设 80C51 单片机的时钟频率为 fosc =12MHz，试设计 0.1s 的延时程序。

解：延时时间=该程序指令的总机器周期数×机器周期（T）。

机器周期（T）=121/fosc=1μs

程序如下：

```
DELAY: MOV  R3, #Data1     ;1 个机器周期（T）
DEL2: MOV  R4, #Data2      ;1 个机器周期（T）
DEL1: NOP                  ;1 个机器周期（T）
      NOP                  ;1 个机器周期（T）
      DJNZ R4,DEL1         ;2 个机器周期（T）
      DJNZ R3,DEL2         ;2 个机器周期（T）
      RET
```

延时时间的计算结果：

$$\{1+[1+(1+1+2)\times Data2+2]\times Data1\}\times 机器周期(T)$$

若 Datat1=125，Data2=200，则该程序产生的延时时间为：

100376×机器周期（T）=0.100376s=0.1s

4.3　子程序设计

在实际问题中，常常会遇到在一个程序中多次用到相同的运算或操作，若每遇到这些运算或操作，都从头编起，将使程序繁琐、浪费内存。因此在实际中，经常把这种多次使用的程序段，按一定结构编好，存放在存储器中，当需要时可以调用这些独立的程序段。通常将这种可以被调用的程序段称为子程序。子程序可以多次重复使用，避免重复性工作，缩短整个程序，节省程序存储空间，有效地简化程序的逻辑结构，便于程序调试。

4.3.1　子程序的调用与返回

主程序调用子程序的过程：在主程序中需要执行调用操作的地方设置一条调用指令（LCALL 或 ACALL），转到子程序，当完成规定的操作后，再在子程序最后应用 RET 返回指令返回到主程序断点处，继续执行下去，如图 4-14 所示。

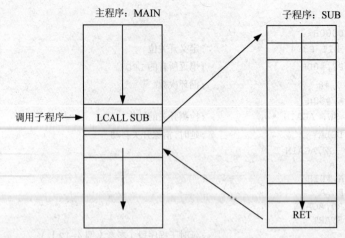

图 4-14　子程序调用示意图

子程序的入口地址：子程序的第一条指令地址称为子程序的入口地址，常用标号表示。在程序的调用过程中，当 80C51 CPU 收到 ACALL 或 LCALL 指令后，首先将当前的 PC 值（调用指令的下一条指令的首地址）压入堆栈保存（低 8 位先进栈，高 8 位后进栈），然后将子程序的入口地址送入 PC，转去执行子程序；当子程序执行到 RET 指令后，将压入堆栈的断点地址弹回给 PC（先弹回 PC 的高 8 位，后弹回 PC 的低 8 位），使程序回到原先被中断的主程序地址（断点地址）去继续执行。

中断服务程序是一种特殊的子程序，它是在计算机响应中断时，由硬件完成调用而进入相应的中断服务程序。RETI 指令与 RET 指令相似，区别在于 RET 是从子程序返回，RETI 是从中断服务程序返回。在子程序中若再调用子程序，称为子程序的嵌套。如图 4-15 所示。

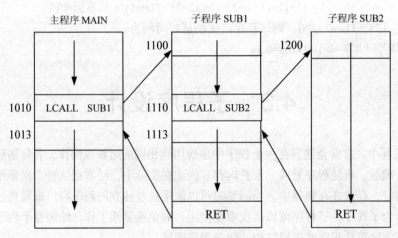

图 4-15　子程序嵌套调用示意图

4.3.2　保存与恢复寄存器内容

主程序转入子程序后，保护主程序的信息不会在运行子程序时丢失的过程称为保护现场。保护现场通常在进入子程序的开始时，由堆栈完成。如：

```
                    PUSH    PSW
                    PUSH    ACC
                    …
```

从子程序返回时，将保存在堆栈中的主程序的信息还原的过程称为恢复现场。恢复现场通常在从子程序返回之前将堆栈中保存的内容弹回各自的寄存器。如：

```
                    …
                    POP     ACC
                    POP     PSW
```

4.3.3　子程序的参数传递

主程序在调用子程序时传送给子程序的参数和子程序结束后送回主程序的参数统称为参数传递。

入口参数：子程序运行时所需要的原始参数。在调用子程序前，必须将所需参数送到指定的存储单元（或寄存器）中，然后子程序从约定的存储单元（或寄存器）中获得这些入口参数。

出口参数：子程序根据入口参数执行程序后所得的结果。子程序运行结束（返回）前，必须将出口参数送到指定的存储单元（或寄存器）中，以便主程序从指定的存储单元（或寄存器）中获得运行结果。

参数的传递方法有如下三种。

1. 通过工作寄存器 R0～R7 或累加器传递。优点是程序简单、运算速度较快，缺点是工作寄存器有限。

2. 通过指针寄存器 R0、R1、DPTR 传递。优点是能有效节省传递数据的工作量，并可实现可变长度运算。

3. 通过堆栈传递。优点是简单，能传递的数据量较大，不必为特定的参数分配存储单元。

4.3.4　编写子程序时应注意的问题

1. 简要说明子程序的功能、入口参数、出口参数、占用资源。
2. 子程序的第一条指令必须有标号，以明确子程序的入口地址。
3. 主程序调用子程序用 LCALL、ACALL 指令进行，返回使用 RET。
4. 为增强子程序的通用性，应尽量避免使用具体的内存单元。
5. 在子程序的内部有转移指令时，最好使用相对转移指令。
6. 在使用子程序时，要注意现场的保护，在退出时要恢复现场。

4.3.5　常用子程序

【例 4-13】　查找内部 RAM 中无符号数据块中的最大值。

入口参数：R1 指向数据块的首地址，数据块长度存放在工作寄存器 R2 中。

出口参数：最大值存放在累加器 A 中。

占用资源：R1，R2，A，PSW。

程序如下：

```
    MAX: PUSH    PSW
         CLR     A                ;清 A 作为初始最大值
    LP:  CLR     C                ;清进位位
         SUBB    A, @R1           ;最大值减去数据块中的数
         JNC     NEXT             ;小于最大值，继续
         MOV     A, @R1           ;大于最大值，则用此值作为最大值
```

```
        SJMP    NEXT1
NEXT:   ADD     A, @R1              ;恢复原最大值
NEXT1:  INC     R1                 ;修改地址指针
        DJNZ    R2, LP
        POP     PSW
        RET
```

【例 4-14】 中值滤波。所谓中值滤波法就是对某一被测参数连续采样 n 次（n 一般取奇数），然后把 n 次采样值按顺序排列，取其中间值作为本次采样值。

入口参数：n 次采样值存放在 DATA 开始的 RAM 单元，采样次数在 TIME 单元。

出口参数：滤波值存放在 SAMP 单元。

占用资源：R0，R7，A，PSW。

程序如下：

```
        PUSH    PSW
        PUSH    A
SORT:   MOV     R0,DATA            ;数据存储区单元首址
        MOV     R7,TIME            ;读比较次数
        CLR     FLAG               ;清交换标志位
LOOP:   MOV     A,@R0              ;取第一个数
        MOV     FIRST,A            ;保存第一个数
        INC     R0
        MOV     SECOND,@R0         ;保存第二个数
        CLR     C
        SUBB    A,@R0              ;两数比较
        JC      NEXT               ;第一数小于第二数，不交换
        MOV     @R0,FIRST
        DEC     R0
        MOV     @R0,SECOND         ;交换两数
        INC     R0
        SETB    FLAG               ;置交换标志位
NEXT:
        DJNZ    R7,LOOP            ;进行下一次比较
        B  FLAG,SORT               ;进行下一轮比较
        DEC     R0
        CLR     C
        MOV     A,TIME
        RRC     A
        MOV     R7,A
CONT:
        DEC     R0
        DJNZ    R7,CONT
        MOV     SAMP,@R0           ;取中值
        POP     A
        POP     PSW
        RET
```

【例 4-15】 实现两个 8 位的十六进制无符号数求和的子程序。

入口参数：（R3）＝加数；

　　　　　（R4）＝被加数。

出口参数：（R3）＝和的高字节；

　　　　　（R4）＝和的低字节。

程序如下：

```
SADD:MOV  A,R3              ;取加数（在 R3 中）
```

```
        CLR   C
        ADD   A,R4          ;被加数（在 R4 中）加 A
        JC    PP1
        MOV   R3,#00H        ;结果小于 255 时，高字节 R3 内容为 00H
        SJMP  PP2
PP1:MOV       R3,#01H        ;结果大于 255 时，高字节 R3 内容为 01H
PP2:MOV       R4,A           ;结果的低字节在 R4 中
        RET
```

【例 4-16】 将内部 RAM 中两个 4 字节无符号整数相加，和的高字节由 R0 指向。数据采用大端模式存储。

入口参数：（R0）=加数低字节地址；

　　　　　　（R1）=被加数低字节地址。

出口参数：（R0）=和的高字节起始地址。

```
NADD:MOV      R7,#4          ;字节数 4 送计数器
        CLR   C
NADD1:MOV     A,@R0          ;利用指针，取加数低字节
        ADDC  A,@R1          ;利用指针，被加数低字节加 A
        MOV   @R0,A
        DEC   R0
        DEC   R1
        DJNZ  R7,NADD1
        INC   R0             ;调整指针，指向出口
        RET
```

【例 4-17】 将内部 RAM 中 20H 单元中的 1 个字节十六进制数转换为 2 位 ASCII 码，存放在 R0 指示的两个单元中。

入口参数：预转换数据（低半字节）在栈顶。

出口参数：转换结果（ASCII 码）在栈顶。

```
HEASC:MOV     R1,SP          ;借用 R1 为堆栈指针
        DEC   R1
        DEC   R1             ;R1 指向被转换数据
        XCH   A,@R1          ;取被转换数据
        ANL   A,#0FH         ;取一位十六进数
        ADD   A,#2           ;偏移调整，所加值为 MOVC 与 DB 间总字节数
        MOVC  A,@A+PC        ;查表
        XCH   A,@R1          ;1 字节指令，存结果于堆栈中
        RET                  ;1 字节指令
ASCTAB:DB     30H,31H,32H,33H,34H,35H,36H,37H
        DB    38H,39H,41H,42H,43H,44H,45H,46H
MAIN:MOV      A,20H          ;
        SWAP  A
        PUSH  ACC            ;预转换的数据（在低半字节）入栈
        ACALL HEASC
        POP   ACC            ;弹出栈顶结果于 ACC 中
        MOV   @R0,A          ;存储转换结果于高字节
        INC   R0             ;修改指针
        PUSH  20H            ;预转换的数据（在低半字节）入栈
        ACALL HEASC
        POP   ACC            ;弹出栈顶结果于 ACC 中
        MOV   @R0,A          ;存转换结果于低字节
        SJMP  $
```

思考题与习题

4-1 试编写程序，完成两个 16 位数的减法：7F4DH－2B4EH，结果存入内部 RAM 的 30H 和 31H 单元，31H 单元存差的高 8 位，30H 元存差的低 8 位。

4-2 试编写程序，将 R1 中的低 4 位数与 R2 中的高 4 位数合并成一个 8 位数，并将其存放在 R1 中。

4-3 试编写程序，将内部 RAM 的 20H、21H 单元的两个无符号数相乘，结果存放在 R2、R3 中，R2 中存放高 8 位，R3 中存放低 8 位。

4-4 编写程序完成将片外数据存储器地址为 1000H～1030H 的数据块传送到片内 RAM 30H～60H 中，并将原数据块区域全部清零。

4-5 编写程序，某温室内的温度要求在 15℃～30℃之间，采集的温度值 T 放在累加器 A 中。若采集到的温度 T＞30℃，程序转向降温处理程序；若 T＜15℃，则程序转向升温处理程序；若 30℃≥T≥15℃，则程序转向返回主程序。

4-6 试编写程序，将 R1 中的低 4 位数与 R2 中的高 4 位数合并成一个 8 位数，并将其存放到 R1 中。

4-7 试编写程序，将内部 RAM 的 2021H 单元的两个无符号数相乘，结果存放到 R2、R3 中，R2 中存放高 8 位，R3 中存放低 8 位。

4-8 编写程序完成将片外数据存储器地址为 1000H～1030H 的数据块，全部传送到片内 RAM 30H～60H 中，并将原数据块区域全部清零。

第5章
80C51 的中断系统与定时器/计数器

中断是一个非常重要的概念，中断系统使计算机具有了对随机事件及时处理的功能，大大提高了计算机的工作效率，是计算机高速处理功能和实时控制功能得以实现的保障。

5.1 80C51 的中断系统

5.1.1 中断及中断嵌套的概念

当 CPU 正在处理某项事务的时候，如果外界或内部发生了紧急事件，要求 CPU 暂停正在执行的程序转而去处理这个紧急事件，待处理完后再回到原来被中断的地方，继续执行原来被中断的程序，这样的过程称为中断，如图 5-1 所示。

当 CPU 响应某一中断时，若有优先级别更高的中断源发出中断请求，则 CPU 应该中断现行的中断服务程序，并保留这个程序的断点，转去执行优先级别更高的中断源的中断服务程序，待高级中断处理完后，再返回来继续执行原先的低级中断服务程序，这个过程就是中断嵌套，如图 5-2 所示。

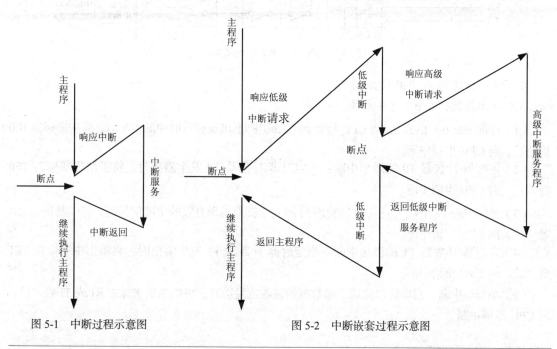

图 5-1 中断过程示意图　　　　　　图 5-2 中断嵌套过程示意图

通过上面的图我们来理解与中断有关的几个术语。

1. 中断系统：实现中断功能的部件。

2. 中断源：引起 CPU 中断的来源。

3. 中断请求（中断申请）：中断源向 CPU 提出的处理要求。

4. 中断响应：CPU 暂时中断原来的工作 A，转去处理事件 B 的过程。

5. 中断服务（中断处理）：对事件 B 的整个处理过程。

6. 中断返回：事件处理完毕后，再回到原来被中断的地方（断点），继续执行程序。

7. 主程序：在中断之前正在运行的程序。

8. 中断服务程序：响应中断之后 CPU 执行的处理程序。

5.1.2 中断请求源和中断控制

80C51 单片机有 5 个中断源，提供两个中断优先级（能实现二级中断嵌套）。中断源的中断请求是否能得到响应，受中断允许寄存器 IE 的控制；各个中断源的优先级可以由中断优先级寄存器 IP 中的各位来确定；同一优先级中的各中断源同时请求中断时，由内部的硬件查询逻辑来确定响应的次序，如图 5-3 所示。

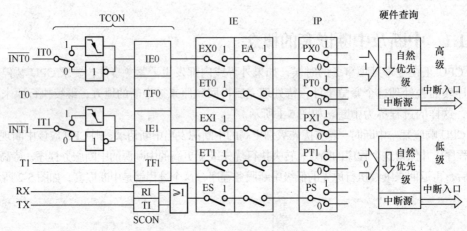

图 5-3　80C51 中断系统的结构图

1. 中断请求源及中断请求标志

80C51 单片机有如下 5 个中断源。

（1）外部中断 0（$\overline{\text{INT}_0}$）：当 CPU 检测到 P3.2 引脚上出现有效的中断信号时，将中断标志 IE0 置 "1"，向 CPU 申请中断。

（2）定时器/计数器 T0 的溢出中断：当定时器/计数器 T0 发生溢出时，将溢出中断标志 TF0 置 "1"，向 CPU 申请中断。

（3）外部中断 1（$\overline{\text{INT}_1}$）：当 CPU 检测到 P3.3 引脚上出现有效的中断信号时，将中断标志 IE1 置 "1"，向 CPU 申请中断。

（4）定时器/计数器 T1 的溢出中断：当定时器/计数器 T1 发生溢出时，将溢出中断标志 TF1 置 "1"，向 CPU 申请中断。

（5）串行口中断：当串行口完成一帧数据的接收或发送时，将中断请求标志 RI 或 TI 置 "1"，向 CPU 申请中断。

2. 中断控制

80C51 单片机的中断系统有如下 4 个特殊功能寄存器。

（1）定时器/计数器控制寄存器 TCON

TCON 具有定时控制和中断控制两种功能，字节地址为 88H，寄存器中各位内容如下：

TCON （88H）	D7	D6	D5	D4	D3	D2	D1	D0
	TF1	TR1	TF0	TR0	IE1	IT1	IE0	IT0

　　　　控制定时器/计数器的启停和中断请求　　　　　　控制外部中断

其中高 4 位与定时器有关，将在定时器部分介绍。下面只介绍与外部中断有关的低 4 位。

IE1：外部中断 1 的中断请求标志位。当 CPU 检测到外部中断 1 的引脚上出现有效的中断信号时，由硬件将中断标志 IE1 置"1"，向 CPU 申请中断。当 CPU 响应该中断请求时，若外部中断触发方式为边沿触发，则由硬件使 IE1 清"0"；若外部中断触发方式为电平触发，则必须由软件使 IE1 清"0"。

IT1：外部中断 1 的触发方式控制位。若 IT1=1，则为负边沿触发方式（CPU 在每个机器周期的 S_5P_2 采样 $\overline{INT_1}$ 脚的输入电平，如果在一个周期中采样到高电平，在下个周期中采样到低电平，则硬件使 IE1 置 1，向 CPU 请求中断）；若 IT1=0，则为低电平触发方式，此时外部中断是通过检测 $\overline{INT_1}$ 端的输入电平（低电平）来触发的。采用电平触发时，输入到 $\overline{INT_1}$ 的外部中断源必须保持低电平有效，直到该中断被响应。同时，在中断返回前必须使电平变高，否则将会再次产生中断。

IE0：外部中断 0 的中断请求标志位，功能同 IE1。

IT0：外部中断 0 的触发方式控制位，功能同 IT1。

（2）串行口控制寄存器 SCON

SCON 用于定义串行口的操作方式和控制它的某些功能，其字节地址为 98H，这里只介绍低 2 位的含义，其他各位的含义将在串行口部分介绍。

SCON （98H）	D7	D6	D5	D4	D3	D2	D1	D0
	/	/	/	/	/	/	TI	RI

TI：串行口发送中断标志位。串行口每发送完一帧数据后，硬件将 TI 置"1"，申请中断，CPU 响应中断后，发送下一帧数据。

RI：串行口接收中断标志位。串行口每接收完一帧数据后，硬件将 RI 置"1"，申请中断，CPU 响应中断后，取走数据。

（3）中断允许寄存器 IE

IE 主要用于控制 CPU 对各中断源的开放或屏蔽，字节地址为 A8H，寄存器中各位内容如下：

IE （A8H）	D7	D6	D5	D4	D3	D2	D1	D0
	EA	/	/	ES	ET1	EX1	ET0	EX0

EA：CPU 中断允许（总允许）位。EA=0，CPU 禁止所有中断，即 CPU 屏蔽所有的中断请求；EA=1，CPU 开放中断。

ES：串行口中断允许位。ES=1，允许串行口中断；ES=0，禁止串行口中断。

ET1：定时器/计数器 1（T1）的溢出中断允许位。ET1=1，允许 T1 中断；ET1=0，禁止 T1 中断。

EX1：外部中断 1 中断允许位。EX1=1，允许外部中断 1 中断；EX1=0，禁止外部中断 1 中断。

ET0：定时器/计数器 0（T0）的溢出中断允许位。ET0=1，允许 T0 中断；ET0=0，禁止 T0 中断。

EX0：外部中断 0 中断允许位。EX0=1，允许外部中断 0 中断；EX0=0，禁止外部中断 0 中断。

中断允许寄存器中各相应位的状态，可根据要求用指令置位或清零，从而实现该中断源允许中断或禁止中断，复位时 IE 寄存器被清零。

（4）中断优先级寄存器 IP

80C51 单片机中断系统提供两个中断优先级，对于每一个中断请求源都可以编程为高优先级中断源或低优先级中断源，以便实现二级中断嵌套。中断优先级是由中断优先级寄存器 IP 控制的。IP 字节地址为 B8H，寄存器中 D0～D7 的内容如下：

IP （B8H）	D7	D6	D5	D4	D3	D2	D1	D0
	/	/	/	PS	PT1	PX1	PT0	PX0

PS：串行口中断优先级控制位。PS=1，串行口定义为高优先级中断源；PS=0，串行口定义为低优先级中断源。

PT1：定时器/计数器 1（T1）中断优先级控制位。PT1=1，T1 定义为高优先级中断源；PT1=0，T1 定义为低优先级中断源。

PX1：外部中断 1 中断优先级控制位。PX1=1，外部中断 1 定义为高优先级中断源；PX1=0，外部中断 1 定义为低优先级中断源。

PT0：定时器/计数器 0（T0）中断优先级控制位，功能同 PT1。

PX0：外部中断 0 中断优先级控制位，功能同 PX1。

3．中断优先级控制

80C51 单片机中断系统具有两级优先级，它们遵循下列两条基本规则。

（1）低优先级中断源可被高优先级中断源所中断，而高优先级中断源不能被任何中断源所中断。

（2）一种中断源（不管是高优先级还是低优先级）一旦得到响应，与它同级的中断源不能再中断它。

为了实现上述两条规则，中断系统内部包含两个不可寻址的优先级状态触发器。其中一个用来指示某个高优先级的中断源正在得到服务，并阻止所有其他中断的响应；另一个触发器则指出某低优先级的中断源正得到服务，所有同级的中断都被阻止，但不阻止高优先级中断源。

当同时收到几个同一优先级的中断时，响应哪一个中断源取决于内部查询顺序，其优先级排列如表 5-1 所示。

表 5-1　　　　　　　　　　　　　自然优先级排列表

中断源	同级内的中断优先级
外部中断 0	最高
定时器/计数器 0 溢出中断	
外部中断 1	
定时器/计数器 1 溢出中断	
串行口中断	最低

5.1.3　中断处理过程

一个完整的中断处理过程一般包括中断请求、中断判优、中断响应、中断处理和中断返回五个环节。

1. 中断响应

（1）中断响应条件

中断响应是 CPU 对中断源中断请求的响应，它并不是任何时刻都响应中断请求，而是在中断响应条件满足之后才会响应。CPU 响应中断必须首先满足以下 3 个基本条件。

① 中断源要有中断请求。

② 中断总允许位 EA 为 1。

③ 相应的中断允许位为 1。

在满足以上条件的基础上，CPU 一般会响应中断，但是若有下列任何一种情况存在，中断响应都会受到阻断。

① CPU 正在处理同级或高级中断。

② 当前查询周期不是所执行指令的最后一个机器周期（即当前正在执行的指令尚未执行完）。

③ 当前正在执行的指令是返回（RETI）指令或是对 IE 或 IP 寄存器进行读/写的指令。

上述三个条件中，第二条是保证把当前指令执行完后再去响应中断，第三条是保证如果在当前执行的是 RETI 指令或是对 IE、IP 进行访问的指令时，CPU 必须再执行一条其他的指令之后才会响应中断。

（2）中断响应时间

自中断源提出中断申请，到 CPU 响应中断，需要经历一定的时间。这个时间分为最短时间和最长时间，如图 5-4 所示。

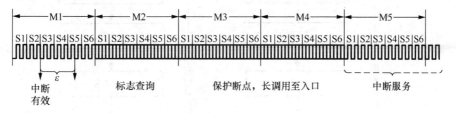

图 5-4　中断响应时序图

① 响应中断的最短时间——需要 3 个机器周期。

80C51 的中断响应时间，从标志置 1 到进入相应的中断服务，至少需要 3 个完整的机器周期。第 1 个机器周期用于查询中断标志状态，即 M1 周期的 S5P2 前某中断生效，在 S5P2 时该中断请求被锁存到相应的标志位，M2 周期又是该指令的最后一个机器周期（且该指令不是 RETI 指令或是对 IE、IP 进行访问的指令），于是后面的两个机器周期（即 M3 和 M4 周期）便可以执行硬件 LCALL 指令（双机器周期指令），M5 周期将进入中断服务程序。

② 响应中断的最长时间——需要 8 个机器周期。

如果中断响应过程受阻，就要增加等待时间。若同级或高级中断正在进行，所需要的等待时间取决于正在执行的中断服务程序的长短，等待时间无法确定；若没有同级或高级中断正在进行，当 CPU 在查询周期恰逢 RETI 指令或是对 IE、IP 进行访问的指令时，所需要的等待时间最长为 5 个机器周期。这是因为 CPU 必须再执行一条其他的指令之后才会响应中断，而恰逢这条指令是

MUL 或 DIV 指令（4 个机器周期）。这种情况下，CPU 的中断响应时间最长，需要 8 个机器周期。所以对于没有嵌套的单级中断，中断响应时间为 3～8 个机器周期。

（3）中断响应过程

在满足中断响应条件后，CPU 响应中断，中断响应过程包括保护断点和将程序转向中断服务程序的入口地址。首先将相应的优先级状态触发器置 1，封锁同级和低级的中断；然后硬件自动生成 LCALL 指令，把断点地址压入堆栈保护（但不能自动保存程序状态字 PSW 的内容），同时把被响应的中断服务程序的入口地址装入 PC 中，程序转向相应的向量入口单元，执行中断服务程序。5 个中断源服务程序的入口地址如表 5-2 所示。

表 5-2　　　　　　　　　　　　80C51 单片机各中断源的入口地址

中　断　源	入　口　地　址
外部中断 0	0003H
定时器 0 溢出	000BH
外部中断 1	0013H
定时器 1 溢出	001BH
串行口中断	0023H

通常，在中断入口地址处安排一条跳转指令，以跳转到用户的服务程序入口。

2．中断处理

中断处理就是执行中断服务程序，中断服务程序从中断入口地址开始执行，到返回指令 RETI 为止，一般包括三部分内容：一是保护现场；二是处理中断源的请求；三是恢复现场。如图 5-5 所示。

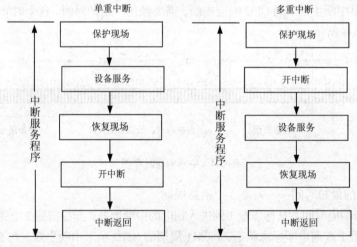

图 5-5　中断处理过程流程图

3．中断返回

中断服务程序的最后一条指令必须是中断返回指令 RETI。CPU 执行完这条指令后，把响应中断时所置位的优先级状态触发器清零，然后从堆栈中弹出断点地址（两个字节内容）装入程序计数器 PC 中，CPU 就从原来被中断的地方重新执行被中断的程序。

5.1.4　应用举例

80C51 单片机仅提供了两个外部中断源（$\overline{INT_0}$ 和 $\overline{INT_1}$），而在实际应用系统中可能会有两个以上的外部中断源，这时必须对外部中断源进行扩展。常用的一种扩展方法是采用中断和查询相结合的扩展法。

【例 5-1】　设有 5 个外部中断源，中断优先级由高到低排队顺序为 XI0、XI1、XI2、XI3、XI4，试设计它们与 80C51 单片机的接口。

题目分析：有 5 个外部中断源，将它们按照任务的轻重缓急进行中断优先级排队，顺序为 XI0、XI1、XI2、XI3、XI4，将最高优先级别的中断源接在 $\overline{INT_0}$ 端，其余中断源用线或的方法接到 $\overline{INT_1}$ 端，同时分别将它们引向一个 I/O 口，以便在 $\overline{INT_1}$ 的中断服务程序中由软件按预先设定的优先级顺序查询中断的来源。连接图如图 5-6 所示。

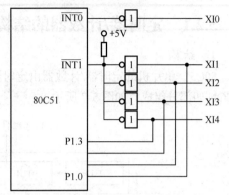

图 5-6　多个外部中断源与 80C51 单片机的连接图

解：系统的中断应用程序如下：

```
ORG  0003H
    LJMP  INSE0
    ORG  0013H
    LJMP  INSE1
… …
    INSE0:PUSH PSW      ;XI0 中断服务程序
    PUSH ACC
     … …
    POP  ACC
    POP  PSW
    RETI
INSE1: PUSH PSW       ; INT1 中断服务程序
    PUSH ACC
    JB  P1.0, DV1   ;P1.0 为 1,转 XI1 中断服务程序
    JB  P1.1,DV2    ;P1.1 为 1,转 XI2 中断服务程序
    JB  P1.2,DV3    ;P1.2 为 1,转 XI3 中断服务程序
    JB  P1.3,DV4    ;P1.3 为 1,转 XI4 中断服务程序
INRET:POP  ACC
    POP  PSW
    RETI
DV1:  … …          ;XI1 中断服务程序
    AJMP  INRET
DV2:  … …          ;XI2 中断服务程序
    AJMP  INRET
DV3:  … …          ;XI3 中断服务程序
    AJMP  INRET
DV4:  … …          ;XI4 中断服务程序
    AJMP  INRET
```

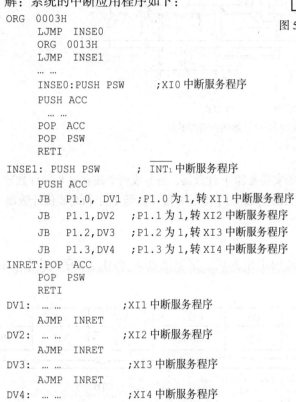

5.2　80C51 单片机的定时器/计数器

单片机系统实现定时有三种方法：软件定时、硬件定时和可编程定时器定时。软件定时是靠执行一个循环程序消耗时间达到定时目的的，不需外加硬件电路，定时时间精确，但占用 CPU 的时间；硬件定时全部由硬件电路完成，不占用 CPU 时间，但调整定时时间必须改变电路元件参数，操作不方便也不准确；可编程定时器采用计数周期脉冲实现定时，通过改变定时器/计数器的计数

初值来改变定时时间，不占用 CPU 的时间，使用灵活方便。

80C51 单片机内部有两个 16 位的可编程定时器/计数器，即定时器 T0 和定时器 T1。它们既可用作定时器方式，又可用作计数器方式。

5.2.1 定时器/计数器的结构与工作原理

1. 结构

80C51 单片机的定时器/计数器由定时器 T0、定时器 T1、方式寄存器 TMOD 和控制寄存器 TCON 四部分组成，如图 5-7 所示。

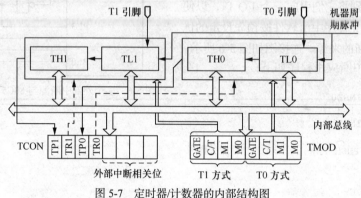

图 5-7 定时器/计数器的内部结构图

（1）定时器 T0、定时器 T1

这是定时器/计数器的基本部件，它们的实质是加 1 计数器，各分成两个独立的 8 位计数器，即 T0 由低 8 位计数器 TL0 和高 8 位计数器 TH0 组成，T1 由低 8 位计数器 TL1 和高 8 位计数器 TH1 组成。

（2）方式寄存器 TMOD

TMOD 主要用于设置定时器/计数器的工作方式，字节地址为 89H，寄存器中各位内容如下：

TMOD（89H）	D7	D6	D5	D4	D3	D2	D1	D0
	GATE	$C/\overline{T}$	M1	M0	GATE	$C/\overline{T}$	M1	M0
	T1				T0			

其中低 4 位用于 T0 的设置，高 4 位用于 T1 的设置，它们的含义完全相同。

GATE：定时器/计数器的运行控制位，也叫门控位，用来确定对应的外部中断请求引脚 $\overline{INT_0}$（或 $\overline{INT_1}$）是否参与 T0（或 T1）的操作控制。当 GATE=0 时，只要控制寄存器 TCON 中的 TR0（或 TR1）被置"1"，T0（或 T1）就被允许启动工作；当 GATE=1 时，不仅要 TCON 中的 TR0（或 TR1）被置"1"，还需要 P3 口的 $\overline{INT_0}$（或 $\overline{INT_1}$）引脚输入高电平，T0（或 T1）才被允许启动工作。

$C/\overline{T}$：定时器/计数器功能选择位。$C/\overline{T}$ = "1"，计数器工作方式；$C/\overline{T}$ = "0"，定时器工作方式。

M1 M0：定时器/计数器的工作方式选择位，如表 5-3 所示。

表 5-3　　　　　　　　　　　　　定时器/计数器方式选择

M1　M0	工作方式	功　能　说　明
0　　0	方式 0	13 位的定时/计数器
0　　1	方式 1	16 位的定时/计数器
1　　0	方式 2	8 位自动重装初值的定时/计数器
1　　1	方式 3	T0 分成两个独立的 8 位定时/计数器，T1 此方式停止计数

（3）控制寄存器 TCON

TCON 具有定时控制和中断控制两种功能，字节地址为 88H，寄存器中各位内容如下：

	D7	D6	D5	D4	D3	D2	D1	D0
TCON（88H）	TF1	TR1	TF0	TR0	IE1	IT1	IE0	IT0

　　　　　　　　控制定时器/计数器的启停和中断请求　　　　　　　控制外部中断

其中低 4 位与外部中断有关，已在前面做过介绍，在此不再赘述。下面只介绍与定时器有关的高 4 位。

TF1：定时器/计数器 T1 的溢出中断标志位。当 T1 计满数产生溢出时，由硬件自动置"1"，在 CPU 中断处理时硬件自动清零。也可以由软件查询该标志，然后用软件清零。

TR1：定时器/计数器 T1 的启停控制位。该位置"1"或清"0"用来实现启动定时器工作或停止工作。

TF0：定时器/计数器 T0 的溢出中断标志位，功能同 TF1。

TR0：定时器/计数器 T0 的启停控制位，功能同 TR1。

2．工作原理

80C51 单片机的定时器/计数器 T0 和 T1，既可用作定时器方式，又可用作计数器方式。它们的实质是加 1 计数器，计数输入的计数脉冲有两个来源，一个是由系统的晶体振荡器输出脉冲经 12 分频后得到，另一个是由 T0（或 T1）引脚输入的外部脉冲源。每来一个脉冲，计数器加 1，当加到计数器全为 1 时，再输入最后一个脉冲，计数器回零的同时，产生溢出信号使 TCON 中的 TF0（TF1）置"1"，并向 CPU 发出中断请求。如果定时器/计数器工作于定时方式，表示定时时间已到；如果工作于计数方式，表示计数值已满。

在作定时器使用时，输入的时钟脉冲是由晶体振荡器的输出经 12 分频后得到的，所以定时器也可看作是对计算机机器周期的计数器，即每一个机器周期计数器加 1（因为每个机器周期包含 12 个振荡周期，可以把输入的时钟脉冲看成机器周期信号）。如果晶振频率为 12MHz，则定时器每接收一个输入脉冲的时间为 1μs。

在作计数器使用时，接相应的外部输入引脚 T0（P3.4）或 T1（P3.5）。在这种情况下，当检测到输入引脚上的电平由高跳变到低时，计数器就加 1（它在每个机器周期的 S_5P_2 时采样外部输入，当采样值在这个机器周期为高，在下一个机器周期为低时，则计数器加 1）。加 1 操作发生在检测到这种跳变后的一个机器周期中的 S_3P_1，因此需要两个机器周期来识别一个从"1"到"0"的跳变，故最高计数频率为晶振频率的 1/24。这就要求输入信号的电平要在跳变后至少应在一个机器周期内保持不变，以保证在给定的电平再次变化前至少被采样一次。

5.2.2　定时器/计数器的工作方式

80C51 单片机可以通过对方式寄存器 TMOD 中 M1M0 的设置来选择四种工作方式，分别是方式 0、方式 1、方式 2 和方式 3。前三种工作方式，T0 和 T1 除了所使用的寄存器、有关控制位、标志位不同外，其他操作完全相同，下面以 T0 为例进行介绍。

1．方式 0

方式 0 为 13 位的定时/计数器，由 TH0 的 8 位和 TL0 的低 5 位组成（TL0 的高 3 位未用），如图 5-8 所示。

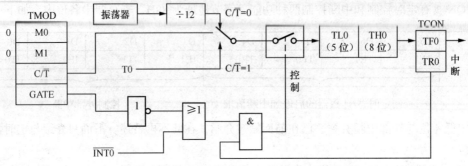

图 5-8　定时器/计数器工作方式 0 的逻辑结构图

当 C/$\overline{\text{T}}$=0 时，多路开关连接 12 分频器输出，定时器 T0 对机器周期进行计数，此时工作在定时器方式。

当 C/$\overline{\text{T}}$=1 时，多路开关与 T0（P3.4）相连，外部计数脉冲由 T0 引脚输入，当外部信号电平发生由 1 到 0 的负跳变时，计数器加 1，此时工作在计数器方式。

当 GATE=0 时，或门输出始终为 1，与门的输出电平始终与 TCON 中的 TR0 一致，实现由 TR0 控制定时器/计数器的启动和停止。只要 TR0 为 1，13 位计数器就开始在设定的初值基础上进行加 1 计数，加 1 到全"1"以后，再加 1 就产生溢出，计数器变为全"0"的同时置 TCON 的 TF0 位为 1，向 CPU 申请中断。如要循环计数，则定时器 T0 需重置初值，并且用软件将 TF0 复位。

当 GATE=1 时，此时仅 TR0=1 仍不能使计数器计数，还需要 $\overline{\text{INT0}}$ 引脚为 1 才能使计数器工作。由此可知，当 GATE=1 和 TR0=1 时，13 位计数器是否计数取决于 $\overline{\text{INT0}}$ 引脚的信号。当 $\overline{\text{INT0}}$ 由 0 变 1 时，开始计数；当 $\overline{\text{INT0}}$ 由 1 变 0 时，停止计数，这样就可以用来测量在 $\overline{\text{INT0}}$ 端出现的脉冲宽度。

2．方式 1

方式 1 和方式 0 的工作相同，唯一的区别是方式 1 为 16 位的定时/计数器，由 TH0 的 8 位和 TL0 的 8 位组成，如图 5-9 所示。

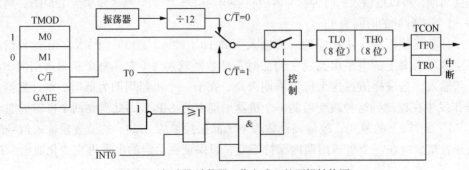

图 5-9　定时器/计数器工作方式 1 的逻辑结构图

3. 方式 2

方式 2 为 8 位自动重装初值的定时/计数器。TL0 中的 8 位用于加 1 计数器，TH0 中的 8 位作为常数缓冲器，用于存放定时初值或计数初值。当 TL0 产生溢出时，将溢出标志 TF0 置 1 的同时把 TH0 中的 8 位数据重新装入 TL0 中，继续计数，如图 5-10 所示。

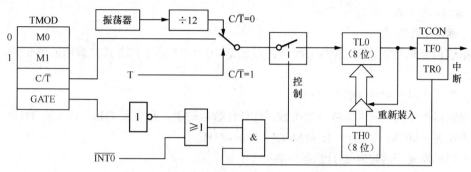

图 5-10　定时器/计数器工作方式 2 的逻辑结构图

4. 方式 3

方式 3 对定时器 T0 和定时器 T1 是不相同的。若 T1 设置为方式 3，则停止工作（其效果与 TR1=0 相同），所以方式 3 只适用于 T0。

当 T0 设置为方式 3 时，将使 TL0 和 TH0 成为两个相互独立的 8 位计数器，TL0 既可用于定时，也可用于计数；TH0 只能用于定时，如图 5-11 所示。

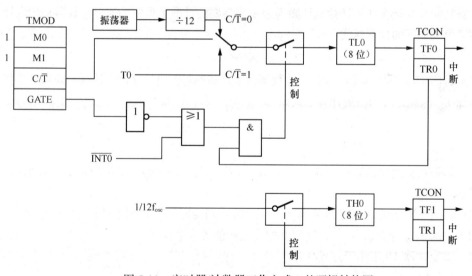

图 5-11　定时器/计数器工作方式 3 的逻辑结构图

TL0 利用了 T0 本身的一些控制（$C/\overline{T}$、GATE、TR0、$\overline{INT_0}$ 和 TF0）方式，它的操作与方式 0、方式 1 类似。而 TH0 被规定为用作定时器功能，对机器周期计数，并借用了 T1 的控制位 TR1 和 TF1。在这种情况下 TH0 控制了 T1 的中断。这时 T1 还可以设置为方式 0～2，用于任何不需要中断控制的场合，或用作串行口的波特率发生器。

方式 3 使 80C51 单片机具有三个定时器/计数器（增加了一个附加的 8 位定时器/计数器）。通常，当 T1 用作串行口波特率发生器时，T0 才定义为方式 3，以增加一个 8 位计数器。

5.2.3 定时器/计数器的初始化

由于定时器/计数器的功能是由软件编程确定的，因此，在定时器/计数器工作前必须先对它进行初始化。

1. 初始化步骤

（1）确定工作方式

根据题目要求对寄存器 TMOD 赋值，以确定 T0 和 T1 的工作方式，常用的语句为：MOV TMOD, #**H。

（2）预置定时初值或计数初值

根据题目要求的定时时间或计数次数，计算计数器初值，并写入 TH0、TL0 或 TH1、TL1，常用的语句为：MOV TLi, #**H 和 MOV THi, #**H。

（3）根据需要开启定时器/计数器中断

中断方式时，对寄存器 IE 中的相应位（EA、EX0、EX1、ET0、ET1）赋值，可以用语句 MOV IE, #**H，也可以直接置相应的位为"1"，如 SETB EA 和 SETB ET0 等。

（4）启动定时器/计数器工作

将 TCON 中的 TR0 或 TR1 置位，常用的语句为：SETB TRi。

2. 计数器初值的计算

定时器/计数器的初值是由工作方式确定的，工作方式不同，最大的计数器模值 M 不同。在方式 0 时 M 为 2^{13}=8192，在方式 1 时 M 为 2^{16}=65536，在方式 2 和方式 3 时 M 为 2^8=256。如果把计数器从初值开始作加 1 计数到计满为全 1 所需的计数值设定为 C，计数器初值设定为 X，由此便可得到如下的计算通式：

$$X=M-C \qquad\qquad (5-1)$$

当定时器/计数器用作定时器时，计数器由单片机脉冲经 12 分频后计数，即每一个机器周期计数器加 1，因此定时初值的计算公式如下：

$$X=M-C=M-\frac{t}{T}=M-\frac{f_{osc} \times t}{12} \qquad\qquad (5-2)$$

其中 f_{osc} 是振荡器的振荡频率，单位是 MHZ；t 表示定时的时间，单位是 μs；T 表示机器周期，单位是 μs。

【例 5-2】 已知单片机时钟频率 f_{osc}=6MHz，当定时器 T0 分别工作于方式 0 和方式 1，定时时间为 1ms 时，计算送入 TH0 和 TL0 的计数初值各为多少？

解：当定时器 T0 工作于方式 0 时：

$$X=M-C=M-\frac{t}{T}=M-\frac{f_{osc} \times t}{12}=8192-\frac{6 \times 1000}{12}=7692=1E0CH$$

用传送指令将 F0H 送入 TH0 中，0CH 送入 TL0 中即可。

当定时器 T0 工作于方式 1 时：

$$X=M-C=M-\frac{t}{T}=M-\frac{f_{osc} \times t}{12}=65536-\frac{6 \times 1000}{12}=65036=FE0CH$$

用传送指令将 FEH 送入 TH0 中，0CH 送入 TL0 中即可。

【例 5-3】　已知单片机时钟频率 f_{OSC}=12MHz，请计算定时 2ms 所需的定时器初值。

解：由于定时器工作在方式 2 和方式 3 下时的最大定时时间只有 0.256ms，因此要想获得 2ms 的定时时间，定时器必须工作在方式 0 或方式 1。

若采用方式 0，则根据公式可求得定时器初值为 $X = M - \dfrac{f_{OSC} \times t}{12} = 8192 - \dfrac{12 \times 2000}{12} = 6192 =$ 1830H，即 THi 应装入 C1H，TLi 应装入 10H。

若采用方式 1，则有 $X = M - \dfrac{f_{OSC} \times t}{12} = 65536 - \dfrac{12 \times 2000}{12} = 63536 = $ F830H，即 THi 应装入 F8H，TLi 应装入 30H。

5.2.4　应用举例

【例 5-4】　题目要求：设系统的晶振频率为 12MHz，利用定时/计数器 T0 的方式 1，编制程序使 P1.0 引脚上输出周期为 20ms 的方波。

分析过程如下：

（1）确定工作方式

T0 在定时的方式 1 时，设置 TMOD 低 4 位：GATE=0，$C/\overline{T}$=0，M1M0=01，方式控制字为 01H。

（2）预置定时初值

已知 f_{OSC}=12MHz，定时时间为 10ms，则 $X = M - \dfrac{f_{OSC} \times t}{12} = 65536 - \dfrac{12 \times 10000}{12} = 55536 = $ D8F0H，即 TH0 应装入 D8H，TL0 应装入 F0H。

（3）采用中断方式，源程序如下

```
        ORG   0000H
        LJMP  MAIN
        ORG   000BH        ;T0 的中断服务程序入口地址
        LJMP  DVT0
        ORG   0100H
MAIN:MOV  TMOD,#01H        ;置 T0 工作于方式 1
        MOV   TH0,#0D8H    ;装入计数初值
        MOV   TL0,#0F0H
        SETB  ET0          ;T0 开中断
        SETB  EA           ;CPU 开中断
        SETB  TR0          ;启动 T0
        SJMP  $            ;等待中断
DVT0:CPL  P1.0            ;P1.0 取反输出
        MOV   TH0,#0D8H    ;重新装入计数初值
        MOV   TL0,#0F0H
        RETI
        END
```

若采用软件查询方式，源程序如下：

```
        ORG   0000H
        LJMP  MAIN         ;跳转到主程序
        ORG   0100H        ;主程序
MAIN:MOV   TMOD,#01H       ;置 T0 工作于方式 1
LOOP:MOV   TH0,#0D8H       ;装入计数初值
```

```
        MOV    TL0,#0F0H
        SETB   TR0             ;启动定时器 T0
        JNB    TF0,$           ;TF0=0，查询等待
        CLR    TF0             ;清 TF0
        CPL    P1.0            ;P1.0 取反输出
        SJMP   LOOP
        END
```

【例 5-5】 题目要求：设系统的晶振频率为 12MHz。用定时/计数器 T0 定时，编写程序实现 P1.7 引脚输出周期为 2s 的方波。

解：定时时间较大时（大于 65ms），可以采用的方法，一是采用 1 个定时器定时一定的间隔（如 20ms），然后用软件进行计数；二是采用 2 个定时器级联，其中一个定时器用来产生周期信号（如 20ms 为周期），然后将该信号送入另一个计数器的外部脉冲输入端进行脉冲计数。本例用第一种方法采用定时 20ms，然后再计数 50 次的方法进行编程。

（1）确定工作方式

T0 在定时的方式 1 时，设置 TMOD 低 4 位：GATE=0，C/$\overline{T}$=0，M1M0=01，方式控制字为 01H。

（2）预置定时初值

已知 f_{OSC}=12MHz，定时时间为 20ms，则 $X=M-\dfrac{f_{OSC}\times t}{12}=65536-\dfrac{12\times 20000}{12}=45536=B1E0H$，

即 TH0 应装入 B1H，TL0 应装入 E0H。

（3）采用中断方式，源程序如下

```
        ORG    0000H
        LJMP   MAIN            ;跳转到主程序
        ORG    000BH           ;T0 的中断服务程序入口地址
        LJMP   DVT0
        ORG    0030H
MAIN:MOV    TMOD,#01H          ;置 T0 方式 1
        MOV    TH0,#0B1H       ;装入计数初值
        MOV    TL0,#0E0H       ;首次计数值
        MOV    R7,#50          ;计数 50 次
        SETB   ET0             ;T0 开中断
        SETB   EA              ;CPU 开中断
        SETB   TR0             ;启动 T0
        SJMP   $               ;等待中断
DVT0:DJNZ  R7,NT0             ;计数次数未到转 NT0
        MOV    R7,#50          ;计数次数到
        CPL    P1.7            ; P1.7 取反输出
    NT0:MOV    TH0,# 0B1H      ;重新装入计数初值
        MOV    TL0,# 0E0H
        SETB   TR0
        RETI
        END
```

【例 5-6】定时器/计数器用于外部中断扩展。

前面讲过 80C51 单片机仅提供了两个外部中断源（$\overline{INT_0}$ 和 $\overline{INT_1}$），而在实际应用系统中可能会有两个以上的外部中断源，这时必须对外部中断源进行扩展。除了采用中断和查询相结合的扩展法外，还有一种方法：利用定时器/计数器来扩展外部中断源。即把两个定时器/计数器（T0 和 T1）设置为计数器方式，计数初值设定为满量程，将待扩展的外部中断源接到定时器/计数器

的外部计数引脚。这样每当 P3.4（T0）或 P3.5（T1）引脚上发生负跳变时，T0 和 T1 的计数器加 1。利用这个特性，可以把 P3.4 和 P3.5 引脚作为外部中断请求输入线，而定时器的溢出中断作为外部中断请求标志。以 T0 为例举例如下。

设 T0 为方式 2（自动装入常数）外部计数方式，初值为 0FFH，允许中断，并 CPU 开放中断。其初始化程序如下：

```
MOV  TMOD,#06H   ;设 T0 为方式 2,计数器方式工作
MOV  TL0,#0FFH   ;置计数初值
MOV  TH0,#0FFH
SETB TR0         ;置 TR0 为 1,启动 T0
SETB EA          ;置中断允许,即置中断允许寄存器 IE 中的 EA 位,ET0 位为 1
SETB ET0
```

当接在 P3.4 引脚上的外部中断请求输入线发生负跳变时，TL0 加 1 溢出，TF0 被置"1"向 CPU 发出中断请求。同时 TH0 的内容自动送入 TL0，使 TL0 恢复初始值 0FFH。这样，每当 P3.4 引脚上有一次负跳变时都将 TF0 置"1"，向 CPU 发中断请求，P3.4 引脚就相当于边沿触发的外部中断请求源输入线。

思考题与习题

5-1　简述中断及中断嵌套的含义。

5-2　80C51 单片机有几个中断源？分别是什么？各中断源的请求标志是如何产生的？又是如何撤销的？CPU 响应各中断源时，中断入口地址是多少？

5-3　80C51 单片机有几级中断优先级？各个中断源的优先级怎样确定？在同一优先级中各个中断源的优先级怎样确定？

5-4　80C51 单片机的外部中断有几种触发方式？如何选择？对外部中断源的触发脉冲或电平有何要求？

5-5　某系统有三个外部中断源 1、2、3，当某一中断源变低电平时便要求 CPU 处理，它们的优先处理次序由高到低为 3、2、1，处理程序的入口地址分别为 2000H、2100H、2200H。试编写主程序及中断服务程序（转至相应的入口即可）。

5-6　80C51 单片机有几个可编程的定时器/计数器？每个定时/计数器有几种工作方式？

5-7　要求定时/计数器的运行控制完全由 TR1、TR0 确定和完全由 $\overline{INT0}$、$\overline{INT1}$ 高低电平控制时，其初始化编程应作何处理？

5-8　设 80C51 单片机的晶振频率为 12MHz，若要求定时时间分别为 0.1ms、1ms、5ms，则定时器 T0 工作在方式 0、方式 1、方式 2 时，其定时初值各应该是多少？

5-9　利用定时/计数器 T0，工作在定时方式 1 时，如何编程实现从 P1.0 引脚输出周期为 1s、脉宽为 20ms 的正脉冲信号。假设晶振频率为 12MHz。

5-10　利用定时/计数器 T0，工作在定时方式 1 时，如何编程实现从 P1.1 引脚输出 1000Hz 方波。假设晶振频率为 12MHz。

5-11　利用定时/计数器 T0 产生定时时钟，由 P1 口控制 8 个指示灯。编一个程序，使 8 个指示灯依次闪动，闪动频率为 1 次/秒（即亮 1 秒后熄灭并点亮下一个）。

第6章
80C51 的 C 语言程序设计

6.1　单片机 C 语言概述

C 是一种结构化通用程序设计语言，可产生紧凑代码，它兼顾了多种高级语言的特点，并具备了汇编语言的某些特点，可以进行许多机器级函数控制而不用汇编语言，是目前使用较广的单片机编程语言并成为了单片机开发的主流。本书所使用的 C 语言是指一些公司在对 ANSI C 基础上专门开发用于 MCS-51 的单片机 C 语言，有一些资料称之为 C51 语言，常见的有 Keil/ Franklin C515。

与汇编相比，用 C51 语言开发单片机系统有如下优点。

（1）对单片机的指令系统不要求了解，仅要求对 80C51 的存储器结构有初步了解。

（2）寄存器分配、不同存储器的寻址及数据类型等细节可由编译器管理。

（3）程序具有规范的结构，可分为不同的函数，易于结构化。

（4）良好的命名规则和注释，极大改善了程序的可读性和易维护性。

（5）具有丰富的子程序库可直接引用，大大减少了用户编程的工作量和开发时间。

（6）C 语言可以和汇编语言交叉使用，充分发挥了两种语言的长处，提高效率。

（7）方便的进行多人联合开发，进行模块化软件设计。

（8）方便跨平台软件移植。

（9）适合运行嵌入式实时操作系统。

6.1.1　C51 程序开发过程

一般单片机的开发都要经过编程、排错、仿真、应用几个过程，编程和排错可以在专用的单片机调试软件环境下进行，也可以在一般标准 C 语言环境下进行，可以根据开发者的情况来定，推荐在专用的单片机调试软件环境下进行；仿真必须在专用的单片机仿真环境下进行，其中可以分为软件模拟仿真和硬件仿真，软件仿真仅需要计算机就可以，硬件仿真还需要专用的硬件仿真器，是构成完整开发过程的必要条件。单片机开发关系如图 6-1 所示。

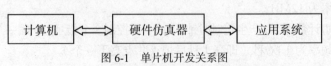

图 6-1　单片机开发关系图

用 C51 语言编写单片机应用程序与编写标准的 C 语言程序的大体一致，不同在于根据单片机存储结构及内部资源定义相应的 C51 语言中的数据类型和变量，其他语法规定、程序结构及程序设计方法都与标准 C 语言程序设计相同。用 C51 语言要注意，C51 语法限制相对于其他高级语言不太严格，例如，对数组下标越界不做检查；整形量与字符型数据以及逻辑型数据可以通用等。一般高级语言语法检查比较严格，能检查出几乎所有的语法错误，而 C51 语言允许程序编写者有较大的自由度，因此放宽了语法检查，所以程序员要仔细检查程序，保证其正确性，而不要过分依赖 C 编译程序去查错。当然，限制与灵活是对等的，限制严格就会失去灵活性；而强调灵活，必然放松限制。一个不熟练编程的人编写一个正确的 51C 语言程序可能会比编一个其他高级语言程序难一些。图 6-2 为 C51 的开发流程。

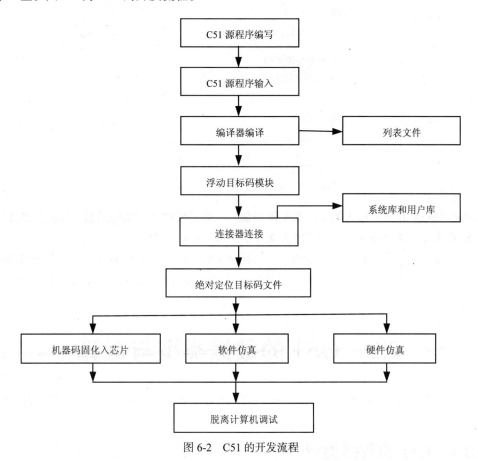

图 6-2　C51 的开发流程

6.1.2　C51 程序结构

同一般标准 C 一样，C51 单片机的程序由一个个函数组成，这里的函数和其他语言的"子程序"或"过程"具有相同的含义，其中必须有一个主函数 main()。主函数是程序的入口，主函数中的所有语句执行完毕，则程序执行结束。

C51 的一般格式如下：

类型　函数名（参数表）

参数说明；

{

数据说明部分；

执行语句部分；

```
    }
    C 语言一般具有如下结构：
    #include<>                      /*预处理说明*/
    long Function1                  /*函数 1 说明*/
    … …
    float Functionn                 /*函数 n 说明*/
    main()                          /*主函数*/
    {
    … …                            /*局部变量说明*/
    … …                            /*执行语句部分*/
    }
    Function(… …)                   /*形式参数*/
                                    /*形式参数说明*/
    {
    … …                            /*局部变量说明*/
    … …                            /*执行语句部分*/
    }
    … …
    Function(… …)                   /*形式参数*/
                                    /*形式参数说明*/
    {
    … …                            /*局部变量说明*/
    … …                            /*执行语句部分*/
```

C 语言中的函数分为两大类，一类是库函数，一类是用户自定义的函数。库函数是在库文件中定义好的函数，其函数说明在相关的头文件中，可以直接调用。

C51 语言程序对字母的大小写敏感，一般程序语句都用小写字母编写。在每条语句的最后都必须以分号作为结束符。每一行用双斜杠或/*和*/之间的内容为注释，注释内容不影响程序的编译过程。

6.2 C51 的数据类型与运算

C51 不但具有 ANSI C 的所有标准数据类型，为了更加有效的利用 80C51 的结构特点，又加入了一些特殊的数据类型。

6.2.1 C51 的数据类型

在 C 语言中，基本数据类型有 char、int、short、float 和 double 等，而对 C51 而言，short 等同于 int，double 等同于 float，表 6-1 给出了 C51 所支持的基本数据类型。

表 6-1   C51 的常用数据类型

类　型	长度（位数）	备　注
signed char	8	有符号字符型变量，取值范围：−128～+127
unsigned char	8	无符号字符型变量，取值范围：0～255
signed int	16	有符号整型变量，取值范围：−32768～+32767
unsigned int	16	无符号整型变量，取值范围：0～65535
signed long	32	有符号长整型变量，取值范围：−2147483648～+2147483647

续表

类　型	长度（位数）	备　注
unsigned long	32	无符号长整型变量，取值范围：0～4294967295
float	32	浮点数，取值范围：±1.175 494E-38～±3.402 823E+38
*	8～24	对象的地址
bit	1	布尔型位变量，0 或 1
sfr	8	特殊功能寄存器，取值范围：0～255
sfr16	16	16 位特殊功能寄存器，取值范围：0～65535
sbit	1	可寻址位，取值范围：0 或 1

char 通常用于定义字符数据的变量或常量。unsigned char 常用于处理 ASCII 字符或用于处理小于或等于 255 的整型数，建议尽量使用。

signed char/int/long 用字节中最高位字节表示数据的符号，"0"表示正数，"1"表示负数，负数用补码表示。

float 浮点型在十进制中具有 7 位有效数字，是符合 IEEE-754 标准的单精度浮点型数据，占 4 个字节。

*指针型本身就是一个变量，在这个变量中存放的指向另一个数据的地址。这个指针变量要占据一定的内存单元，对不同的处理器长度也不尽相同，在 C51 中它的长度一般为 1～3 个字节。

bit 位标量是 C51 编译器的一种扩充数据类型，利用它可以定义一个位标量，但不能定义位指针，也不能定义位数组。

sfr 也是一种扩充数据类型，占用一个内存单元。利用它可以访问 MCS-51 单片机内部所有的特殊功能寄存器。sfr16 占用两个内存单元，用于操作占两个字节的寄存器。

sbit 可寻址位是 C51 中的一种扩充数据类型，利用它可以访问芯片内部 RAM 中的可寻址位或特殊功能寄存器中的可寻址位。

当计算结果隐含另外一种数据类型时，数据类型可以自动进行转换。

6.2.2　C51 数据的存储类型

1. 数据的存储类型

C51 是面向单片机及硬件控制系统的开发语言，它定义的任何变量都必须是一个以一定存储类型方式定位在单片机的某一个存储区中，否则就没有意义，因此在定义变量类型时，还必须定义它的存储类型。C51 变量的存储类型及数据长度和值域范围如表 6-2、表 6-3 所示。

表 6-2　　　　　　　　　　　　　　C51 的变量的存储类型

存储类型	与存储空间的对应关系
data	直接寻址片内数据存储区，访问速度快，容量 128B
bdata	可位寻址片内数据存储区，允许位与字节混合访问，容量 16B=128b
idata	间接寻址片内数据存储区，可访问片内全部 RAM 地址空间，容量 256B
pdata	分页寻址片外数据存储区，容量 256B
xdata	片外数据存储区，容量 64KB
code	片外程序存储区，容量 64KB

表6-3 C51存储类型及数据长度和值域范围

存 储 类 型	二进制单元位数 bit	范 围
data	8	0～255
bdata	1	0, 1
idata	8	0～255
pdata	8	0～255
xdata	16	0～65535
code	16	0～65535

访问片内数据存储区比访问片外数据存储区要快，因此可以将经常使用的变量置于内部数据存储区，而将较大的以及很少使用的数据变量置于外部数据存储区。

2．存储器模式

存储器模式决定了变量的默认存储器的类型、参数传递和无明确存储区类型的说明。C51存储器模式有 SMALL、LARGE、COMPACT，如表6-4所示。

表6-4 存储器模式

存 储 模 式	说 明
SMALL	默认的存储类型时 data，参数及局部变量放入直接可寻址片内 RAM 的用户区中，所有对象（包括堆栈），都必须放入片内 RAM
LARGE	默认的存储类型时 xdata，参数及局部变量放入片外的外部数据存储区，使用数据指针 DPTR 寻址，效率较低
COMPACT	默认的存储类型时 pdata，参数及局部变量放入分页的外部数据存储区，栈空间位于片内数据存储区中

6.2.3 80C51 硬件结构的 C51 定义

1．C51 定义的一般语法格式

为了能够访问位于片 RAM 区高 128 字节中的特殊功能寄存器，C51 定义了一般语法格式：

```
sfr/sfr16/sbit  sfr-name= int constant;
```

"sfr/sfr16/sbit" 是定义语句中的关键字，其后必须跟一个 MCS-51 单片机真实存在的特殊功能寄存器名；"=" 后必须是一个整型常数，不能是带有运算符的表达式，这个常数值的范围必须是在 0x80～0xFF 之间。

例如：

```
sfr  SCON=0x98;              /* 串口控制寄存器地址 98H*/
sfr  TMOD=0X89;              /* 定时计数器方式控制寄存器地址 89H*/
sfr16  T2=0xCC;              /* 定时计数器8；第8位地址 0CCH, 高8位地址 0CDH*/
```

2．可位寻址格式

（1）sbit bit-name=sfr-name^int constant; /*注释*/

"=" 后的 "sfr-name" 必须是自己定义过的 SFR 的名字，"^" 后的整常数是寻址位子特殊功能寄存器 "sfr-name" 中的位号，必须是 0～7 范围中的数字。

例如：

```
sfr PSW=0x;              /*定义 PSW 寄存器地址为 D0H*/
sbit OV=PSW^2;           /*OV 位为 PSW.2 地址为 D2H*/
```

（2）sbit bit-name=int constant^int constant

"="后的"constant"为寻址地址位所在特殊功能寄存器的字节地址，"^"后的定义如上。

```
sbit OV=0XD0^2;              /*定义 OV 位地址是 D0H 字节中的第 2 位*/
```

（3）sbit bit-name=int constant

"="后的"constant"为寻址位的绝对位地址。

```
sbit OV=0xD2;                /*定义 OV 位地址为 D2H*/
```

C51 建立了一个头文件 reg51.h，在该文件中对所有的特殊功能寄存器进行了定义，对特殊功能寄存器的有位名称的可寻址位进行了 sbit 定义，因此，只要程序中包含语句#include<reg51.h>，就可以直接引用特殊功能寄存器名，或直接引用位名称。

在引用时特殊功能寄存器或者位名称必须大写。表 6-5 给出了特殊功能寄存器的一览表。

表 6-5　　　　　　　　　　　　80C51 特殊功能寄存器一览表

SFR	MSB			位地址/位定义				LSB	字 节 地 址
B									F0H
A									E0H
PSW	D7	D6	D5	D4	D3	D2	D1	D0	D0H
	CY	AC	F0	RS1	RS0	OV	F1	P	
IP	BF	BE	BD	BC	BB	BA	B9	B8	B8H
	/	/	/	PS	PT1	PX1	PT0	PX0	
P3	B7	B6	B5	B4	B3	B2	B1	B0	B0H
	P3.7	P3.6	P3.5	P3.4	P3.3	P3.2	P3.1	P3.0	
IE	AF	AE	AD	AC	AB	AA	A9	A8	A8H
	EA	/	/	ES	ET1	EX1	ET0	EX0	
P2									A0H
SBUF									99H
SCON	9F	9E	9D	9C	9B	9A	99	98	98H
	SM0	SM1	SM2	REN	TB8	RB8	TI	RI	
P1									90H
TH1									8DH
TH0									8CH
TL1									8BH
TL0									8AH
TMOD	GATE	C/T	M1	M0	GATE	C/T	M1	M0	89H
TCON	8F	8E	8D	8C	8B	8A	89	88	88H
	TF1	TR1	TF0	TR0	IE1	IT1	IE0	IT0	
PCON	SMOD	/	/	/	GF1	GF0	FD	IDL	87H
DPH									83H
DPL									82H
SP									81H
P0									80H

（4）80C51 带有 4 个 8 位的并行口，共 32 根 I/O 线，对应着 SFR 中的 P0 口～P3 口，其中 P1、P2、P3 为准双向端口，P0 为双向端口。当寻址片外 16 位地址时，使用 P0（低 8 位，A0～A7）＋P2(高 8 位，A8～A15)。定义端口地址的目的是为了便于 C51 编译器按实际硬件结构建立 I/O 口变量名与其实际地址的联系，以便程序员能用软件模拟 80C51 的硬件操作。

6.2.4　C51 的运算符和表达式

C 语言是由能够完成某种特定运算的表达式及运算对象构成。按照运算符在表达式中所起的作用，可分为赋值运算符、算术运算符、增量与减量运算符、关系运算符、逻辑运算符、位运算符等。按照运算符在表达式中与运算对象的关系，又可分为单目运算符、双目运算符和三目运算符等。

1. 赋值运算符
= 　把赋值运算符右边的值复制赋值到左边
2. 算术运算符（5 种）及优先级
+ 　加法运算符
- 　减法运算符
* 　乘法运算符
/ 　除法运算符
% 　按模求余运算符

算术运算符优先级规定：先乘后除模，后加减，括号最优先。

3. 关系运算符（6 种）及优先级
< 　小于
> 　大于
<= 　不大于
>= 　不小于
== 　测试等于
!= 　测试不等于

前 4 种（<、>、<=、>=）优先级相同，后两种优先级相同；前 4 种优先级高于后两种。

关系运算符的优先级低于算术运算符。

关系运算符的优先级高于赋值运算符。

同等优先级别的按照从左到右的运算原则。

4. 逻辑运算符（3 种）及优先级
&& 　逻辑与
|| 　逻辑或
! 　逻辑非

"!" 逻辑运算符优先级最高，"&&"、"||" 逻辑运算符优先级同级，按从左到右运算。

逻辑运算符在与关系运算符、算术运算符混合运算时，"逻辑!" 运算符优先级最高，算术运算符次之，关系运算符再次之，"&&"、"||" 逻辑运算符再次之，最低为赋值运算符。

5. C51 位操作（6 种）及其表达式
& 　按位与
| 　按位或
^ 　按位异或
~ 　按位取反
<< 　位左移
>> 　位右移

～　运算符优先级最高，其他同级，按从左到右。

6. 增量与减量运算符

++　自动加 1

--　自动减 1

6.3　C51 流程控制语句

与标准 C 语言一样，C51 也是一种不允许存在交叉程序流程的结构化语言。这种语言由若干个模块组成，每个模块包含若干个基本结构，归纳起来有三种基本结构：顺序结构、选择结构和循环结构。

1. 顺序结构

顺序结构是一种最基本、最简单的编程结构，如图 6-3 所示，在这种结构中，程序的书写顺序就是执行顺序。顺序结构的实现意味着问题得到了解决，是人们认识和解决问题的初步。如果所有问题严格按照顺序结构来实现的话，问题往往会变得很复杂。例如，

$$sum=\sum_{i=1}^{100} i$$

直接使用顺序结构需要编写至少 100 条指令，而经过数学简化为

$$sum=\sum_{i=1}^{100} i=\frac{100(100+1)}{2}$$

语句只有一条了。

2. 选择结构

选择结构也被称为分支结构，是计算机二进制的一个基本体现，也是人们认识得以深化的必然。在单分支结构中，选择时必须二选一。

常见的选择语句有 if、else。在选择结构中，经过多次选择，又形成了多分支结构。在多分支结构又可分为串行多分支和并行多分支结构，如图 6-4 所示。在串行多分支结构中多由若干条 if、elseif 语句嵌套构成，如图 6-5 所示；而在并行多分支结构中常用 switch-case 语句，图 6-6 所示。

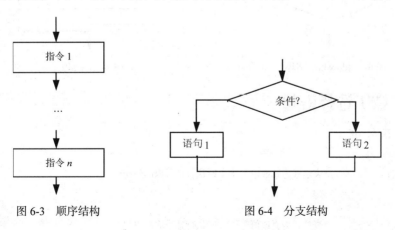

图 6-3　顺序结构　　　　　　　图 6-4　分支结构

3. 循环结构

选择结构本质上仍然符合顺序结构，不过是每次执行时部分语句不会被执行的顺序结构；而

循环结构的突出特点是向后执行，从而会使循环体部分代码反复被执行，典型的以时间换空间的方式。循环结构一般由循环初始化、循环控制部分和循环体三部分构成。

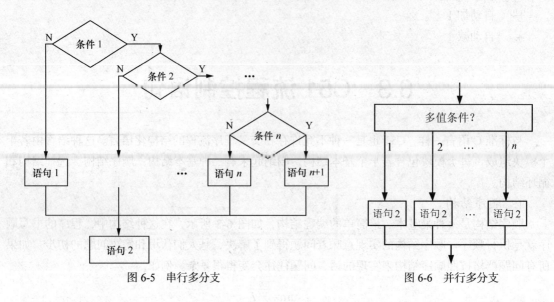

图 6-5　串行多分支　　　　　　　　　　　　　　　　　　　图 6-6　并行多分支

C51 使用语言主要有 while、do while、for 等。

下面以 while 和 do while 为例说明使用方法，如图 6-7、图 6-8 所示。

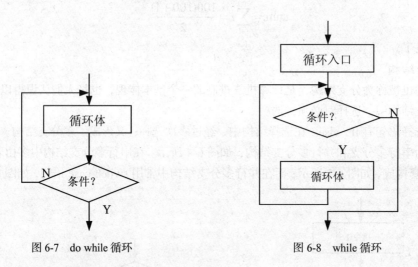

图 6-7　do while 循环　　　　　　　　　　　　　　　图 6-8　while 循环

6.3.1　C51 选择语句

1．选择语句 if

它的基本结构：

```
if(表达式)        /*表达式为真或值等于 1 时执行括号内的语句*/
{语句;}
或者
if(表达式)        /*表达式为真或值等于 1 时执行括号内的语句*/
{语句;}
else             /*表达式为假或值等于 0 时执行括号内的语句*/
```

```
{语句;}
```
再或者
```
if（表达式 1）        /*表达式 1 为真或值为不等于 0 时执行括号内的语句*/
{语句;}
elseif（表达式 2）     /*表达式 2 为真或值为不等于 0 时执行括号内的语句*/
{语句;}
elseif（表达式 3）     /*表达式 3 为真或值为不等于 0 时执行括号内的语句*/
{语句;}
… …
else                /*以上条件均为假或 0 时*/
{语句;}
```

说明：

（1）if 后面的表达式一般为二义性逻辑表达式或者关系表达式，不是真或其值为不等于 0，就是假或 0。其值为不等于 0 解释为任意的数值类型（包括整型、实型、字符型、指针型数据），如：
```
if ('0') a=1;
else a=0;                /*执行结果会把变量 a 的值赋为 1。 */
```
而
```
if (0) a=1;
else a=0;                /*执行结果会把变量 a 的值赋为 0。*/
```

（2）if 条件语句可以嵌套，嵌套时一定要注意 if 和 else 的配套关系，else 总是和它上面最近的 if 配对。

2. switch 语句

switch 语句是多分支选择语句，基本结构如下：
```
switch（表达式）
{case  常量表达式 1：语句 1
case  常量表达式 2：语句 2
… …
case  常量表达式 n：语句 n
default：语句 n+1
}
```

（1）ANSI 标准允许 switch 后面括号内的表达式为任何类型。

（2）当表达式的值与某一个 case 后面的常量表达式的值相等时，就执行此 case 后面的语句；若所有 case 中常量表达式的值都没有与表达式的值相匹配，就执行 default 后面的语句。

（3）每一个 case 的常量表达式的必须互不相同，否则会出现互相矛盾。

（4）各个 case 和 default 的出现次序不影响执行结果。

（5）执行完一个 case 后面的语句后，流程控制转移到下一个 case 继续执行。case 常量表达式只是起到标号作用，并不是在此判断条件。因此，应该在执行一个 case 分支后，使流程跳出 switch 结构，可以采用 break 语句来达到此目的。

6.3.2　C51 循环语句

需要进行具有规律性的重复操作，例如求累加和，数据整块的传递等就需要循环结构。

1. while

基本结构如下：

```
while(表达式)
{语句;}
如: while((P1&0x80)= =0) { }          /* P1 口的最高位不为 1 时等待*/
```

（1）while 循环体内有多于两条语句时，应该用花括号{}括起来，表示这是一个语句块。尽管只有一个语句块可以不使用花括号，但此时使用花括号更安全。

（2）在 while 循环体内应有使循环趋向于结束的语句，否则循环将进入死循环。

2. do while

while 语句在使用时可以一次也不执行，但是 do while 语句至少要执行一次，造成这一现象的原因是 while 语句循环前检查条件，而 do while 使循环后检查条件。其基本结构为：

```
do
{语句; }                      /*循环体*/
while(表达式)
```

例：

```
do
{
a=1;
b=2;
x=P1;
}
while(x>0)
```

该程序先执行对 a、b、x 赋值，然后判断 P1 口的值是否大于 0，直到等于 0 退出循环。

3. for 循环

for 循环是 C51 中最灵活也是最复杂的一种循环，它不仅可以用于循环次数已经确定的情况，而且可以用于循环次数不确定但是已经给出循环条件的情况。其基本结构如下：

```
for(表达式 1;表达式 2;表达式 3)
{语句;}
```

for 循环的执行过程如下：

（1）先对表达式 1 赋初值，进行初始化。

（2）判断表达式 2 是否满足给定的循环条件，若满足，则执行循环体内语句，然后执行第三步；若不满足循环条件，则循环结束，转到第 5 步。

（3）若表达式 2 为真，则在执行指定的循环语句后，求解表达式 3。

（4）回到第 2 步继续执行。

（5）退出 for 循环，执行下面语句。

例：

```
for(i=0;i<99;i++)
{
delay_1ms();       /*调用延时子程序*/
leds=~leds;        /*对灯状态取反,使灯闪烁*/
}
```

（1）for 语句中的小括号的三个表达式可以全部为空时，意味着没有设初值，无判断条件，循环变量为增值，形成了一个死循环。

（2）当表达式 1 缺省时表示不设初值；当表达式 2 缺省时则认为表达式始终为"真"；当表达式 1、3 缺省时，此时 for 循环相当于一个 while 循环。

（3）没有循环体的 for 语句在程序中起延时作用。

6.4　C51 的指针和函数

C51 的指针是一个重要的概念，正确而灵活的运用指针可以有效地表示复杂的数据结构；能动态的分配内存；方便的使用字符串；有效使用数组；调用函数时返回多于 1 个的数值；能直接处理内存地址。

6.4.1　一般指针

指针变量，是指指向变量的指针，也就是变量的值是指针地址；而变量的指针就是变量的地址。

1．指针定义

```
类型识别符  *指针变量名        /*定义指定类型的指针变量*/
指针变量名=&变量名             /*把变量的地址传给变量指针*/
```

例如：

```
#define uchar unsigned char
uchar  data  *x
*x=0x50;
```

切记：指针就是变量的内存地址，所以指针变量对应的是变量的地址，在使用指针变量对使用的内容时要加"*"，修改"*变量名"的值就是修改对应该地址的变量的值。

例如：

```
int *ap, int a;
ap=&a;
```

有下列等价：

（1）*ap 与 a 是等价的，即对*ap 的操作等同于对 a 的操作。

（2）&*ap 等同于&a。

（3）*&a 等同于*ap，即对*&a 的操作等同于对*ap 的操作，也等同于对 a 的操作。

（4）*ap++等同于 a++。

2．数组指针和指向数组的指针变量

指针的另外一个常用功能是指向数组，数组的指针就是数组的初始地址。

例如：

```
int a[9];
int *ap;
```

则 ap=&a[0];和 ap=a;都会使指针变量指向数组 a 的第一个元素 a[0]，那么其他元素的使用可以通过。

（1）ap+i 和 a+i 都是指向数组的第 i 个元素，即 ap+i 和 a+i 是等价的；

（2）*(ap+i)和*(a+i)是等价的，即他们都指向数组 a 的第 i 个元素的值；

（3）指向数组的指针变量可以带下标，即 ap[i]与*(ap+i)等价。

对于二维数组，要牢记就近原则，如：

```
int a[3][4];
int *ap;
ap=a;
```

则有*ap 指向第一行的第一个元素，等同于 a[0][0]；而*ap+1 指向第 2 行的第一个元素，等同于 a[1][0]；要想指向第 2 行第 2 列的元素，应使用* (*(ap+1)+1)，同理指向第 2 行第 3 列的元素应为* (*(ap+1)+2)。

例：输出数组的个元素

```
main()
{
int a[3][4]={{1,2,3,4},{5,6,7,8,},{9,10,11,12}};
int *ap,i,j;
ap=a;i=j=0;
for(i=0;i<3;i++)
  for(j=0;j<4;j++)
{
  printf("a[%d,%d]=%d\n",i,j,*( *(ap+i)+j));
}
```

6.4.2　基于存储器的指针

基于存储器的指针以存储器类型为参量，它在编译时才能被确定。因此，为指针选择存储器的方法可以省掉，以便这些指针的长度可以为 1 个字节（idata *，data *，pdata *）或 2 个字节（code*，xdata *）。

例：

```
char xdata *px;
```

定义了一个指向字符类型的指针，指针自身默认存储区（决定于编译模式），长度为 2B(值为 0～0xFFFF)。

```
char xdata *data px
```

定义了一个指向字符类型的指针，指针位于 C51 内部存储区中，长度为 2B(值为 0～0xFFFF)。

6.4.3　C51 函数的定义

C51 函数的含义等同于其他高级语言中的子程序或过程，都含有以同样的方法重复的去做某件事。定义函数不可以嵌套定义，即一个函数定义中不能再定义其他函数。

一般组成为：

```
main()               /*主函数*/
{
… …                  /*局部变量说明*/
… …                  /*执行语句部分*/
}
Function(… …)        /*形式参数*/
… …                  /*形式参数说明*/
{
… …                  /*局部变量说明*/
… …                  /*执行语句部分*/
}
… …
Function(… …)        /*形式参数*/
… …                  /*形式参数说明*/
{
… …                  /*局部变量说明*/
… …                  /*执行语句部分*/
}
```

C51 的函数从函数定义形式上划分为无参数函数、有参函数、空函数 3 种。

6.4.4　C51 函数的调用与参数传递

1. C51 函数的调用

main 函数可以调用其他函数，但不能被其他函数调用；main 函数执行完毕，整个程序也就执行完毕。同一个函数可以在不同的地方被调用，并可重复使用。

函数调用的格式为：

函数名(实参数表)　　　　　/*　　　*/

（1）如果调用函数无参数时，括号不能省略。

（2）如果实参数表包含多个实参，则各参数间用逗号隔开。

（3）实参与形参的个数应相等，类型应一致，实参与形参按顺序对应，一一传递参数。

函数的调用的方式执照函数在程序中出现的位置分为以下 3 点。

（1）函数语句　这时函数调用作为一个语句出现，不要求函数返回值，只要求函数完成一定的操作；

（2）函数表达式　这时要求函数返回一个确定值参加表达式的运算；

（3）函数参数　这时函数的返回值做另一个函数的实参。

一个函数调用另外一个函数需要具备以下条件。

（1）首先被调用函数必须是已经存在的函数（库函数或用户自己定义的函数），但只有这一条件还不够。

（2）如果使用库函数，一般还应在程序开头用#define 命令将调用有关库函数所需要的信息加进来。

（3）如果使用用户自己定义的函数，而且该函数与调用它的函数在同一个文件中，一般还应在调用函数中对被调用函数做声明，即向编译系统声明将要调用此函数，并将有关信息通知编译系统。

需要注意函数的定义和声明不一样。

（1）函数的定义是指对函数功能的确立，包括指定函数名、函数值类型、形参及其类型、函数体等，它是一个完整的、独立的函数单位；而函数的声明的作用是把函数的名字、函数类型以及形参的类型、个数和顺序通知编译系统，以便在调用该函数时系统按此进行对照检查。

（2）函数声明中也可以不写形参名，而只写形参类型，主要作用是利用它在程序编译阶段对调用函数的合法性进行全面检查。

（3）如果被调用函数的定义出现在主调函数之前，可以不必加以声明。因为编译系统已经先知道了已定义的函数类型，会根据函数首部提供的信息对函数的调用作正确性检查。

（4）如果已在所有函数定义之前，在函数的外部已做了函数声明，则在各个主调函数中不必对所调用的函数再做声明。

2.　函数的嵌套调用

除了main 函数外其他函数都是互相平行、独立的，所以不能嵌套函数定义，但可以嵌套调用函数。

在调用一个函数过程中，又直接或间接的调用该函数本身，称为函数的递归调用，C 函数允许递归调用。

一个函数在编译时，C 语言编译器会给它分配一个入口地址，这个入口地址就称为函数的指针，程序中可以使用一个指针变量指向函数，然后通过该指针变量调用此函数。

3.　参数传递

函数之间的参数传递，是通过主调用函数的实际参数与被调用函数的形式参数之间进行数据传递来实现的，被调用函数的最后结果由被调用函数的 return 语句返回给调用函数。

在定义函数时，函数名后面括号中的变量名称为形式参数，简称为形参；函数调用时，主调用函数名后面括号中的表达式称为实际参数。

需注意以下几点。

（1）实际参数与形式参数之间的数据传递是单向进行的，只能由实际参数传递给形式参数，而不能由形式参数传递给实际参数。

（2）实际参数与形式参数的类型必须一致，否则会发生类型不匹配的错误。

（3）被调用函数的形式参数在函数被调用前，不占用实际内存单元，只有当函数调用发生时，被调用函数的形式参数才占用实际内存单元，此时内存中的调用函数的实际参数与被调用函数的形式参数位于不同的内存单元。

（4）在调用结束后，形式参数占用实际内存单元被系统释放，而实际参数占用实际内存单元依然保留并维持原值。

（5）当用数组名作为函数的参数时，应该在调用函数和被调用函数中分别定义数组，只有这样，作为调用函数的实参数组的全部元素，才能顺利的传递到被调用函数的形参中。

函数的返回值是通过函数中的 return 语句获得的。一个函数可以有一个以上的 return 语句，但多余一个 return 语句必须在选择结构（if 或 do/case）中使用，因为被调用函数一次只能返回一个变量值。

凡不加返回类型表示符说明的函数，都按整型来返回。如果函数返回值类型说明和 return 语句表达式的变量类型不一致，则以函数返回类型标识符为标准进行强制类型转换。有时为了明确表示被调用函数不带返回值或为了减少错误，可以将函数定义位 "void"。

4. 局部变量和全局变量

变量可以是函数内部定义的，各个函数内部的变量可以同名而且不影响，这些变量称为内部变量，又称局部变量。函数的形式参数也属于局部变量。C 程序中允许在函数外部定义变量，在函数外部定义的变量称为外部变量，又称全局变量。

全局变量与局部变量的区别在于它们的作用域。每个函数都能使用全局变量；而局部变量只能被定义它的函数使用，不能被其他函数使用。在一个函数内部，当一个局部变量与一个全局变量同名时，全局变量不起作用，局部变量起作用。

6.4.5　C51 的库函数

库函数是 C51 编译系统的函数库提供的，系统的设计者事先将一些独立的功能模块编写成公共函数，并将它们集中放在系统的函数库中，供系统的使用者在设计应用程序时使用。因此应用程序的开发人员在进行程序设计时，应该善于充分利用这些功能强大，内容丰富的库函数资源，以提高效率，节省时间。

库函数在使用时，必须在源程序中用预编译指令定义与该函数相关的头文件。如果省掉头文件，编译器则期望标准的 C 参数类型，从而不能保证函数的正确执行。

例：

```
#include <stdio.h>
#include <ctype.h>
```

1. 字符函数　CTYPE.H

（1）函数名：isalpha

原　型：extern bit isalpha(char);

功　能：isalpha 检查传入的字符是否在 'A'～'Z' 和 'a'～'z' 之间，如果为真返回值为 1，否则为 0。

（2）函数名：isalnum

原 型：extern bit isalnum(char);

功 能：isalnum 检查字符是否位于'A'～'Z'，'a'～'z'或'0'～'9'之间，为真返回值是 1，否则为 0。

（3）函数名：iscntrl

原 型：extern bit iscntrl(char);

功 能：iscntrl 检查字符是否位于 0x00～0x1F 之间或 0x7F，为真返回值是 1，否则为 0。

（4）函数名：isdigit

原 型：extern bit isdigit(char);

功 能：isdigit 检查字符是否在'0'～'9'之间，为真返回值是 1，否则为 0。

（5）函数名：isgraph

原 型：extern bit isgraph(char);

功 能：isgraph 检查变量是否为可打印字符，可打印字符的值域为 0x21～0x7E。若为可打印，返回值为 1，否则为 0。

（6）函数名：isprint

原 型：extern bit isprint(char);

功 能：除与 isgraph 相同外，还接受空格字符（0X20）。

（7）函数名：ispunct

原 型：extern bit ispunct(char);

功 能：ispunct 检查字符是否位为标点或空格。如果该字符是个空格或 32 个标点和格式字符之一（假定使用 ASCII 字符集中 128 个标准字符），则返回 1，否则返回 0。Ispunct 对下列字符返回 1：（空格）! "$%^&()+,-./:<=>?_['～{}。

（8）函数名：islower

原 型：extern bit islower(char);

功 能：islower 检查字符变量是否位于'a'～'z'之间，为真返回值是 1，否则为 0。

（9）函数名：isupper

原 型：extern bit isupper(char);

功 能：isupper 检查字符变量是否位于'A'～'Z'之间，为真返回值是 1，否则为 0。

（10）函数名：isspace

原 型：extern bit isspace(char);

功 能：isspace 检查字符变量是否为下列之一：空格、制表符、回车、换行、垂直制表符和送纸。为真返回值是 1，否则为 0。

（11）函数名：isxdigit

原 型：extern bit isxdigit(char);

功 能：isxdigit 检查字符变量是否位于'0'～'9'，'A'～'F'或'a'～'f'之间，为真返回值是 1，否则为 0。

（12）函数名：toascii

原 型：toascii(c)((c)&0x7F);

功 能：该宏将任何整型值缩小到有效的 ASCII 范围内，它将变量和 0x7F 相与从而去掉低 7 位以上所有数位。

（13）函数名：toint

原 型：extern char toint(char);

功 能：toint 将 ASCII 字符转换为十六进制，返回值 0 到 9 由 ASCII 字符'0'到'9'得到，10 到 15 由 ASCII 字符'a'～'f'（与大小写无关）得到。

（14）函数名：tolower

原 型：extern char tolower(char);

功 能：tolower 将字符转换为小写形式，如果字符变量不在'A'～'Z'之间，则不作转换，返回该字符。

（15）函数名：_tolower

原 型：_tolower(c),(c-'A'|'a');

功 能：该宏将 0x20 参量值逐位相或。

（16）函数名：toupper

原 型：extern char toupper(char);

功 能：toupper 将字符转换为大写形式，如果字符变量不在'a'～'z'之间，则不作转换，返回该字符。

（17）函数名：_toupper

原 型：_toupper(c);((c)-'a'+'A');

功 能：_toupper 宏将 c 与 0xDF 逐位相与。

2. 一般 I/O 函数 STDIO.H

C51 编译器包含字符 I/O 函数，它们通过处理器的串行接口操作，为支持其他 I/O 机制，只需修改 getkey()和 putchar()函数，其他所有 I/O 支持函数依赖这两个模块，不需要改动。在使用 80C51 串行口之前，必须将它们初始化，下例以 2400 波特率，12MHz 初始化串口：

```
SCON=0x52
TMOD=0x20
TR1=1
TH1=0Xf3
```

其他工作模式和波特率等细节问题可以从 80C51 用户手册中得到。

（1）函数名：_getkey

原 型：extern char _getkey();

功 能：_getkey()从 80C51 串口读入一个字符，然后等待字符输入，这个函数是改变整个输入端口机制应作修改的唯一一个函数。

（2）函数名：getchar

原 型：extern char _getchar();

功 能：getchar()使用_getkey 从串口读入字符，除了读入的字符马上传给 putchar 函数以作响应外，与_getkey 相同。

（3）函数名：gets

原 型：extern char *gets(char *s, int n);

功 能：该函数通过 getchar 从控制台设备读入一个字符送入由's'指向的数据组。考虑到 ANSI 标准的建议，限制每次调用时能读入的最大字符数，函数提供了一个字符计数器'n'，在所有情况下，当检测到换行符时，放弃字符输入。

（4）函数名：ungetchar

原　型：extern char ungetchar(char);

功　能：ungetchar 将输入字符推回输入缓冲区，因此下次 gets 或 getchar 可用该字符。ungetchar 成功时返回'char'，失败时返回 EOF，不可能用 ungetchar 处理多个字符。

（5）函数名：_ungetchar

原　型：extern char _ungetchar(char);

功　能：_ungetchar 将传入字符送回输入缓冲区并将其值返回给调用者，下次使用 getkey 时可获得该字符，写回多个字符是不可能的。

（6）函数名：putchar

原　型：extern putchar(char);

功　能：putchar 通过 80C51 串口输出'char'，和函数 getkey 一样，putchar 是改变整个输出机制所需修改的唯一一个函数。

（7）函数名：printf

原　型：extern int printf(const char*，…);

功　能：printf 以一定格式通过 80C51 串口输出数值和串，返回值为实际输出的字符数，参量可以是指针、字符或数值，第一个参量是格式串指针。

注：允许作为 printf 参量的总字节数由 C51 库限制，因为 80C51 结构上存贮空间有限，在 SMALL 和 COMPACT 模式下，最大可传递 15 个字节的参数（即 5 个指针，或 1 个指针和 3 个长字节），在 LARGE 模式下，至多可传递 40 个字节的参数。

（8）函数名：sprintf

原　型：extern int sprintf(char *s，const char*，…);

功　能：sprintf 与 printf 相似，但输出不显示在控制台上，而是通过一个指针 s，输入可寻址的缓冲区。

注：sprintf 允许输出的参量总字节数与 printf 完全相同。

（9）函数名：puts

原　型：extern int puts(const char*，…);

功　能：puts 将串's'和换行符写入控制台设备，错误时返回 EOF，否则返回一非负数。

（10）函数名：scanf

原　型：extern int scanf(const char*，…);

功　能：scanf 在格式串控制下，利用 getcha 函数由控制台读入数据，每遇到一个值（符号格式串规定），就将它按顺序赋给每个参量，注意每个参量必须都是指针。scanf 返回它所发现并转换的输入项数，若遇到错误返回 EOF。

（11）函数名：sscanf

原　型：extern int sscanf(const *s,const char*，…);

功　能：sscanf 与 scanf 方式相似，但串输入不是通过控制台，而是通过另一个以空结束的指针。

注：scanf 参量允许的总字节数由 C51 库限制，这是因为 80C51 处理器结构内存的限制，在 SMALL 和 COMPACT 模式，最大允许 15 字节参数（即至多 5 个指针，或 2 个指针，2 个长整型或 1 个字符型）的传递。在 LARGE 模式下，最大允许传送 40 个字节的参数。

3.　串函数 STRING.H

串函数通常将指针串作输入值，一个串就包括 2 个或多个字符，串结以空字符表示。在函数

memcmp，memcpy，memchr，memccpy，memmove 和 memset 中，串长度由调用者明确规定，使这些函数可工作在任何模式下。

（1）函数名：memchr

原　型：extern void *memchr(void *sl，char val，int len);

功　能：memchr 顺序搜索 s1 中的"len"个字符找出字符 val，成功时返回 s1 中指向 val 的指针，失败时返回 NULL。

（2）函数名：memcmp

原　型：extern char memcmp(void *sl，void *s2，int len);

功　能：memcmp 逐个字符比较串 s1 和 s2 的前"len"个字符。相等时返回 0，如果串 s1 大于或小于 s2，则相应返回一个正数或负数。

（3）函数名：memcpy

原　型：extern void *memcpy(void *dest，void *src，int len);

功　能：memcpy 由 src 所指内存中拷贝"len"个字符到 dest 中，返回指向 dest 中的最后一个字符的指针。如果 src 和 dest 发生交迭，则结果是不可预测的。

（4）函数名：memccpy

原　型：extern void *memccpy(void *dest，void *src，char val，int len);

功　能：memccpy 拷贝 src 中"len"个字符到 dest 中，如果实际拷贝了"len"个字符返回 NULL。拷贝过程在拷贝完字符 val 后停止，此时返回指向 dest 中下一个元素的指针。

（5）函数名：memmove

原　型：extern void *memmove(void *dest，void *src，int len);

功　能：memmove 工作方式与 memcpy 相同，但拷贝区可以交迭。

（6）函数名：memset

原　型：extern void *memset(void *s，char val，int len);

功　能：memset 将 val 值填充指针 s 中"len"个单元。

（7）函数名：strcat

原　型：extern char *strcat(char *s1，char *s2);

功　能：strcat 将串 s2 拷贝到串 s1 结尾。它假定 s1 定义的地址区足以接受两个串，返回指针指向 s1 串的第一字符。

（8）函数名：strncat

原　型：extern char *strncat(char *s1，char *s2，int n);

功　能：strncat 拷贝串 s2 中 n 个字符到串 s1 结尾。如果 s2 比 n 短，则只拷贝 s2。

（9）函数名：strcmp

原　型：extern char strcmp(char *s1，char *s2);

功　能：strcmp 比较串 s1 和 s2，如果相等返回 0，如果 s1s2 则返回一个正数。

（10）函数名：strncmp

原　型：extern char strncmp(char *s1，char *s2，int n);

功　能：strncmp 比较串 s1 和 s2 中前 n 个字符，返回值与 strncmp 相同。

（11）函数名：strcpy

原　型：extern char *strcpy(char *s1，char *s2);

功　能：strcpy 将串 s2 包括结束符拷贝到 s1，返回指向 s1 的第一个字符的指针。

（12）函数名：strncpy

原　型：extern char *strncpy(char *s1,　char *s2, int n);

功　能：strncpy 与 strcpy 相似，但只拷贝 n 个字符。如果 s2 长度小于 n，则 s1 串以‘0’补齐到长度 n。

（13）函数名：strlen

原　型：extern int strlen(char *s1);

功　能：strlen 返回串 s1 字符个数（包括结束字符）。

（14）函数名：strchr, strpos

原　型：extern char *strchr(char *s1,　char c);

extern int strpos（char *s1, char c）;

功　能：strchr 搜索 s1 串中第一个出现的‘c’字符，如果成功，返回指向该字符的别指针，搜索也包括结束符。搜索一个空字符返回指向空字符的指针而不是空指针。

strpos 与 strchr 相似，但它返回字符在串中的位置或−1，s1 串的第一个字符位置是 0。

（15）函数名：strrchr, strrpos

原　型：extern char *strrchr(char *s1,　char c);

extern int strrpos(char *s1, char c);

功　能：strrchr 搜索 s1 串中最后一个出现的‘c’字符，如果成功，返回指向该字符的指针，否则返回 NULL。对 s1 搜索也返回指向字符的指针而不是空指针。

strrpos 与 strrchr 相似，但它返回字符在串中的位置或−1。

（16）函数名：strspn, strcspn, strpbrk, strrpbrk

原　型：extern int strspn(char *s1,　char *set);

extern int strcspn(char *s1, char *set);

extern char *strpbrk(char *s1,char *set);

extern char *strpbrk(char *s1,char *set);

功　能：strspn 搜索 s1 串中第一个不包含在 set 中的字符，返回值是 s1 中包含在 set 里字符的个数。如果 s1 中所有字符都包含在 set 里，则返回 s1 的长度（包括结束符）。如果 s1 是空串，则返回 0。

strcspn 与 strspn 类似，但它搜索的是 s1 串中的第一个包含在 set 里的字符。strpbrk 与 strspn 很相似，但它返回指向搜索到字符的指针，不是个数，如果未找到，则返回 NULL。

strrpbrk 与 strpbrk 相似，但它返回 s1 中指向找到的 set 字集中最后一个字符的指针。

4．STDLIB.H：标准函数

（1）函数名：atof

原　型：extern double atof(char *s1);

功　能：atof 将 s1 串转换为浮点值并返回它。输入串必须包含与浮点值规定相符的数。

C51 编译器对数据类型 float 和 double 相同对待。

（2）函数名：atol

原　型：extern long atol(char *s1);

功　能：atol 将 s1 串转换成一个长整型值并返回它。输入串必须包含与长整型值规定相符的数。

（3）函数名：atoi

原　型：extern int atoi(char *s1);

功　能：atoi 将 s1 串转换为整型数并返回它。输入串必须包含与整型数规定相符的数。

5. MATH.H：数学函数

（1）函数名：abs，cabs，fabs，labs

原　型：extern int abs(int val);

```
extern char cabs(char val);
extern float fabs(float val);
extern long labs(long val);
```

功　能：abs 决定了变量 val 的绝对值，如果 val 为正，则不作改变返回；如果为负，则返回相反数。这四个函数除了变量和返回值的数据不一样外，它们功能相同。

（2）函数名：exp，log，log10

原　型：extern float exp(float x);

```
extern float log(float x);
extern float log10(float x);
```

功　能：exp 返回以 e 为底 x 的幂，log 返回 x 的自然数（e=2.718282），log10 返回 x 以 10 为底的数。

（3）函数名：sqrt

原　型：extern float sqrt(float x);

功　能：sqrt 返回 x 的平方根。

（4）函数名：rand，srand

原　型：extern int rand(void);

```
extern void srand(int n);
```

功　能：rand 返回一个 0 到 32767 之间的伪随机数。srand 用来将随机数发生器初始化成一个已知（或期望）值，对 rand 的相继调用将产生相同序列的随机数。

（5）函数名：cos，sin，tan

原　型：extern float cos(flaot x);

```
extern float sin(flaot x);
extern flaot tan(flaot x);
```

功　能：cos 返回 x 的余弦值。Sin 返回 x 的正弦值。tan 返回 x 的正切值，所有函数变量范围为$-\pi/2 \sim \pi/2$，变量必须在± 65535 之间，否则会产生一个 NaN 错误。

（6）函数名：acos，asin，atan，atan2

原　型：extern float acos(float x);

```
extern float asin(float x);
extern float atan(float x);
extern float atan(float y,float x);
```

功　能：acos 返回 x 的反余弦值，asin 返回 x 的正弦值，atan 返回 x 的反正切值，它们的值域为$-\pi/2 \sim \pi/2$。atan2 返回 x/y 的反正切，其值域为$-\pi \sim \pi$。

（7）函数名：cosh，sinh，tanh

原　型：extern float cosh(float x);

```
extern float sinh(float x);
extern float tanh(float x);
```

功　能：cosh 返回 x 的双曲余弦值；sinh 返回 x 的双曲正弦值；tanh 返回 x 的双曲正切值。

（8）函数名：fpsave，fprestore

原　型：extern void fpsave(struct FPBUF *p);

```
extern void fprestore (struct FPBUF *p);
```

功　能：fpsave 保存浮点子程序的状态。fprestore 将浮点子程序的状态恢复为其原始状态，当用中断程序执行浮点运算时这两个函数是有用的。

6. ABSACC.H：绝对地址访问

（1）函数名：CBYTE，DBYTE，PBYTE，XBYTE

原 型：#define CBYTE((unsigned char *)0x50000L)

```
#define DBYTE((unsigned char *)0x40000L)
#define PBYTE((unsigned char *)0x30000L)
#define XBYTE((unsigned char *)0x20000L)
```

功 能：上述宏定义用来对 8051 地址空间作绝对地址访问，因此，可以字节寻址。CBYTE 寻址 CODE 区，DBYTE 寻址 DATA 区，PBYTE 寻址 XDATA 区（通过 MOVX @R0 命令），XBYTE 寻址 XDATA 区（通过 MOVX @DPTR 命令）。

例：下列指令在外存区访问地址 0x1000

```
xval=XBYTE[0x1000];
XBYTE[0X1000]=20;
```

通过使用#define 指令，用符号可定义绝对地址，如符号 X10 可与 XBYTE[0x1000]地址相等：#define X10 XBYTE[0x1000]。

（2）函数名：CWORD，DWORD，PWORD，XWORD

原 型：#define CWORD((unsigned int *)0x50000L)

```
#define DWORD((unsigned int *)0x40000L)
#define PWORD((unsigned int *)0x30000L)
#define XWORD((unsigned int *)0x20000L)
```

功 能：这些宏与上面相似，只是它们指定的类型为 unsigned int。通过灵活的数据类型，所有地址空间都可以访问。

7. INTRINS.H：内部函数

（1）函数名：_crol_，_irol_，_lrol_

原 型：unsigned char _crol_(unsigned char val,unsigned char n);

```
unsigned int _irol_(unsigned int val,unsigned char n);
unsigned int _lrol_(unsigned int val,unsigned char n);
```

功 能：_crol_，_irol_，_lrol_以位形式将 val 左移 n 位，该函数与 80C51"RLA"指令相关，上面几个函数不同于参数类型。

例：

```
#include
main()
{
unsigned int y;
y=0x00ff;
y=_irol_(y,4);
}
```

（2）函数名：_cror_，_iror_，_lror_

原 型：unsigned char _cror_(unsigned char val,unsigned char n);

```
unsigned int _iror_(unsigned int val,unsigned char n);
unsigned int _lror_(unsigned int val,unsigned char n);
```

功 能：_cror_，_iror_，_lror_以位形式将 val 右移 n 位，该函数与 80C51"RRA"指令相关，上面几个函数不同于参数类型。

例：

```
#include
main()
{
unsigned int y;
y=0x0ff00;
```

```
y=_iror_(y,4);
}
```

（3）函数名：_nop_

原 型：void _nop_(void);

功 能：_nop_产生一个 NOP 指令，该函数可用作 C 程序的时间比较。C51 编译器在_nop_函数工作期间不产生函数调用，即在程序中直接执行了 NOP 指令。

例：

```
P()=1;
_nop_();
P()=0;
```

（4）函数名： testbit

原 型：bit _testbit_(bit x);

功 能：_testbit_产生一个 JBC 指令，该函数测试一个位，当置位时返回 1，否则返回 0。如果该位置为 1，则将该位复位为 0。80C51 的 JBC 指令即用作此目的。 _testbit_只能用于可直接寻址的位；在表达式中使用是不允许的。

8．SETJMP.h：全程跳转

Setjmp.h 中的函数用作正常的系列数调用和函数结束，它允许从深层函数调用中直接返回。

（1）函数名：setjmp

原 型：int setjmp(jmp_buf env);

功 能：setjmp 将状态信息存入 env 供函数 longjmp 使用。当直接调用 setjmp 时返回值是 0，当由 longjmp 调用时返回非零值，setjmp 只能在语句 if 或 switch 中调用一次。

（2）函数名：long jmp

原 型：long jmp(jmp_buf env,int val);

功 能：longjmp 恢复调用 setjmp 时存在 env 中的状态。程序继续执行，似乎函数 setjmp 已被执行过。由 setjmp 返回的值是在函数 longjmp 中传送的值 val，由 setjmp 调用的函数中的所有自动变量和未用易失性定义的变量的值都要改变。

9．REGxxx.H：访问 SFR 和 SFR-BIT 地址

文件 REG51.h，REG52.h 和 REG552.h 允许访问 80C51 系列的 SFR 和 SFR-bit 的地址，这些文件都包含#include 指令，并定义了所需的所有 SFR 名以寻址 80C51 系列的外围电路地址，对于80C51 系列中其他一些器件，用户可用文件编辑器容易地产生一个".h"文件。

下例表明了对 80C51 PORT0 和 PORT1 的访问：

```
#include
main() {
if(p0==0x10) p1=0x50;
```

6.5 综 合 编 程

6.5.1 定时器应用举例

设定时器 T0，以方式 1 工作，试编写一个延时 1s 的子程序。

若主频频率为 6MHz，可根据公式 $T=(TM-TC)*12/f_{osc}$

TM 为计数器从初值开始作加 1 计数到计满为全 1 所需的时间；TC 为定时器的定时初值；f_{OSC} 为单片机晶体振荡器的频率。

设采用定时器定时 100ms，循环 10 次来延时 1s，则定时器初值为

$$（216- TC）\times 2\mu s=100\ ms=100\ 000\ \mu s$$，可解得 TC=15536=3CB0H。

1. 用查询方式编写程序

```
#include <reg51.h>
#define uchar unsigned char
#define unit unsigned char
/*延时 100ms*/
void delay(uchar n)
{
lp:
 TL0=0xB0;                          //定时器初值赋初值
 TH0=0x3C;
 TR0=1;
while(!TF0);
TF0=0;
n--;                               //循环次数
if(n) goto lp;
TR0=0;
}

void main()
{
 TMOD=0x01;                         //定时器 0 工作于方式 1
delay(10);                         //延时 10*100ms
}
```

2. 用中断方式

```
#include <reg51.h>
#define uchar unsigned char
#define unit unsigned char
sbit P1_0=P1^0;
uchar n;
uchar delaytime;
time0() interrupt 1 using 1        //T0 定时中断服务处理程序，每 100ms 中断一次
{
n--;
if(n==0)
{
 P1_0!= P1_0;                      //每中断 10 次，P1.0 电压取反 1 次
 n=delaytime;
}
}
void main()
{
delaytime=10;
n=delaytime;
TMOD=0x01;
TL0=0xB0;
TH0=0x3C;
EA=1;                              //全局中断开
ET0=1;                             //定时器 T0 中断开
TR0=1;
while(1);
}
```

6.5.2　串行通信

通过串口接收（中断方式）和发送 4（length=4）个字符。

```
#include <reg51.h>
```

```c
#include <string.h>
#define length 4                                      //要发送和接收数据长度
unsigned char bufdata[length];                        //发送和接收数据区
unsigned char checksum, counter;
bit flag=0;                                           //取数标记
void main()
{
init_serial();                                        //串行口初始化
while(1)
{
if (flag!=0)                                          //如果取数标志已置位，就将读到的数从串口发送
{
flag=0;                                               //取数标志清零
send_string(inbuf, length);                           //向串口发送字符串
}
}
}
void init_serial(void)
{
SCON=0x50;                                            //串行工作方式1,8位异步通信方式
TMOD|=0x20;                                           //定时器1，方式2,8位自动重装
PCON|=0x80;                                           //SMOD=1，表示数据传输率加倍
TH1=0xF4;                                             //数据传输率：4800  f_osc=11.0592MHz
TE|=0x90;                                             //允许串行中断
TR1=1;                                                //启动定时器1
}
/* 向串口发送一个字符*/
void send_char(unsigned char x)
{
SBUF=x;
while(TI==0);
TI=0;
}
/* 向串口发送一个字符串，长度为 string_length */
void send_string(unsigned char *s, unsigned int string_length)
{
unsigned int i=0;
do
{
send_char(*(s+i));                                    //每次向串口发送一个字符
i++;
}
while(i<string_length);
}
/* 串口接收中断函数*/
void serial () interrupt 4 using 3
{
if (RI)
{
unsigned char x;
RI=0;
x=SBUF;                                               //接收字符
if(x>127)
{
counter=0;
inbuf[counter]=x;
checksum=x-128;
}
```

```
else
{
counter++;
inbuf[counter]=x;
checksum^=x;
if((counter==(length-1))&&(!checksum))
{
flag=1;                        //如果串口接收的数据达到 length 个，且校验无错，置位取数标志
}
}
}
}
```

思考题与习题

6-1　同 C 语言一样，C51 单片机的程序由一个个函数组成，其中必须有一个主函数_____，函数定义时的入口参数被称为_____，函数调用时的入口参数称为_____。

6-2　在 C51 中，建议经常使用的数据类型为 unsigned char，其占用字节长度为_____位，取值范围为_____。

6-3　设 x=3，y=8，说明进行下列运算后，x，y 和 z 的值分别是多少？

（1）z=(x++)*(y--);　　　　　　　　　　　（2）z=(++x)+(y--);

（3）z=(x++)*(--y);　　　　　　　　　　　（4）z=(x++)+(y--);

6-4　分析下列运算表达式运算顺序。

（1）c=a||(b);　　　（2）x+=y-z;　　　（3）-b>>2;

（4）c=++a%b--;　　　（5）!m&n;　　　（6）a<b||c&d

6-5　判断下列关系表达式或逻辑表达式的运算结果（1 或 0）。

（1）10==9+1;　　　（2）0&&0;　　　（3）10&&8;　　　　　　（4）8||0;

（5）!（3+2）;　　　（6）x=10;y=9;x>=88&&y<=x;

6-6　C51 有哪些数据类型？有哪些存储类型？它们代表了什么含义？

6-7　请分别用顺序结构和循环结构实现求 $1 + 2 + \cdots + 100$ 的求和计算。

6-8　请用定时器 1 实现 2s 的延时程序？

第7章
80C51 系统扩展技术

80C51 系列单片微型计算机的特点之一是系统结构紧凑、硬件设计简单灵活，对于简单的应用场合，80C51 的最小系统（一片 8051 或一片 8751 或一片 8031 外接一片 EPROM）就能满足功能上要求；对于复杂的应用场合，需较大存储器容量和较多 I/O 接口的情况下，80C51 系列单片机能提供很强的扩展功能，可以直接外接标准的存储器电路和 I/O 接口电路，以构成功能很强、规模较大的系统。所谓系统扩展一般说来有如下两项主要任务：第一项是把系统所需的外设与单片机连起来，使单片机系统能与外界进行信息交换。如通过键盘、A/D 转换器、磁带机、开关等外部设备向单片机送入数据、命令等有关信息，去控制单片机运行，通过显示器、发光二极管、打印机、继电器、音响设备等把单片机处理的结果送出去，向人们提供信息或对外界设备提供控制信号，这项任务实际上就是单片机接口设计。另一项是扩大单片机的容量。由于芯片结构、引脚等关系，单片机内 ROM、RAM 等功能部件的数量不可能很多，在使用中有时会感到不够。因此需要在片外进行扩展，以满足实际系统的需要。本章重点讨论系统扩展方法，以及相应的程序设计。

7.1 程序存储器的扩展设计

80C51 应用系统通常为特定功能的专用计算机系统。在系统调试完后，其软件基本上定型，因此，80C51 的程序存储器通常由 ROM 或 EPROM 或 E^2PROM 电路构成，其特点是掉电以后，内部的程序信息不会丢失，因而提高了系统的可靠性。

7.1.1 访问外部程序存储器的时序

80C51 单片机扩展外部程序存储器的硬件电路如图 7-1 所示。

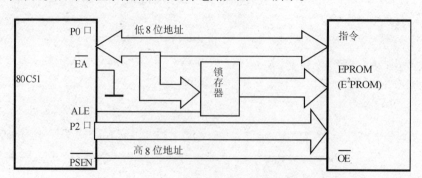

图 7-1 80C51 单片机外部程序存储器扩展

在 CPU 访问外部程序存储器时，P2 口输出地址高 8 位（PCH），P0 口分时输出地址低 8 位（PCL）和送指令字节，其定时波形如图 7-2 所示。

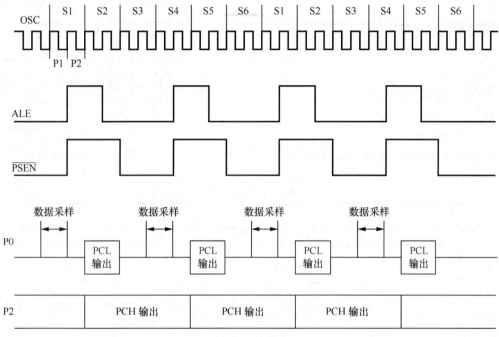

图 7-2　波形图

控制信号 ALE 上升为高电平后，P0 口输出地址低 8 位（PCL），P2 口输出地址高 8 位（PCH），由 ALE 的下降沿将 P0 口输出的低 8 位地址锁存到外部地址锁存器中。接着 P0 口由输出方式变为输入方式即浮空状态，等待从程序存储器读出指令，而 P2 口输出的高 8 位地址信息不变，紧接着程序存储器选通信号 $\overline{\text{PSEN}}$ 变为低电平有效，由 P2 口和地址锁存器输出的地址对应单元指令字节传送到 P0 口上供 CPU 读取。从图 7-2 中还可以看到 80C51 的 CPU 在访问外部程序存储器的机器周期内，控制线 ALE 上出现两个正脉冲，程序存储器选通线 $\overline{\text{PSEN}}$ 上出现两个负脉冲，说明在一个机器周期内 CPU 访问两次外部程序存储器。对于时钟选为 12MHz 的系统，$\overline{\text{PSEN}}$ 的宽度为 230ns，在选 EPROM 芯片时，除了考虑容量之外，还必须使 EPROM 的读取时间与主机的时钟匹配。

外部程序存储器可选用 EPROM 或 E^2PROM。下面分别介绍这两种形式的存储器与 80C51 系列芯片的连。

7.1.2　EPROM 接口设计

紫外线电擦除可编程只读存储器（EPROM）可作为 80C51 系列芯片的外部程序存储器，其典型的产品有 2716（2K×8），2732（4K×8），2764（8K×8），27128（16K×8）和 27256（32K×8）等。这些芯片上均有一个玻璃窗口，在紫外光下照射 5～20 分钟左右，存储器中的各位信息均变为 1，此时，可以通过相应的编程器将工作程序固化到这些芯片中。

下面介绍 2764 EPROM 存储器。2764 是一种 8K×8 位的紫外线电擦除可编程只读存储器，单一+5V 供电，工作电流为 100mA，维持电流为 50mA，读出时间最大为 250ns。

2764 为 28 线双列直插式封装，其引脚配置如图 7-3 所示。

A0-A12：地址线

D0-D7：数据输出线

$\overline{CE}$：片选线

$\overline{PGM}$：编程脉冲输入

$\overline{OE}$：数据输出选通线

V_{pp}：编程电源

2764 的 5 种工作方式如表 7-1 所示。

1	Vpp	V_{cc}	28
2	A12	$\overline{PGM}$	27
3	A7	NC	26
4	A6	A8	25
5	A5	A9	24
6	A4	A11	23
7	A3	$\overline{OE}$	22
8	A2	A10	21
9	A1	$\overline{CE}$	20
10	A0	D7	19
11	D0	D6	18
12	D1	D5	17
13	D2	D4	16
14	GND	D3	15

图 7-3   2764 引脚配置

表 7-1   2764 工作方式选择

方　式	引　脚					
	$\overline{OE}$（20）	$\overline{OE}$（22）	$\overline{PGM}$（27）	Vpp（1）	V_{cc}（28）	输出（11～13），（15～19）
读	V_{IL}	V_{IL}	V_{IH}	V_{cc}	V_{cc}	D_{OUT}
维持	V_{IH}	任意	任意	V_{cc}	V_{cc}	高阻
编程	V_{IL}	V_{IL}	V_{IL}	$V_{PP}*$	V_{cc}	D_{IN}
编程检验	V_{IL}	V_{IL}	V_{IH}	$V_{PP}*$	V_{cc}	D_{OUT}
编程禁止	V_{IH}	任意	任意	$V_{PP}*$	V_{cc}	高阻

图 7-4 给出了 2764 与 8031 的硬件连接图。

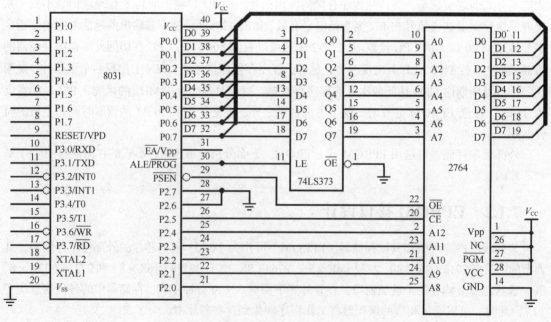

图 7-4   扩展 2764EPROM

7.1.3　E²PROM 接口设计

电擦除可编程只读存储器 E²PROM 的主要特点是能在计算机系统中进行在线修改，并能在断电的情况下保持修改的结果。因此，自从 E²PROM 问世以来，在智能化仪器仪表、控制装置、终端机、开发装置等各种领域中受到极大的重视。下面介绍 2864A E²PROM 存储器。

Intel 2864A 是 8K×8 位的电擦除可编程只读存储器，单一+5V 供电，最大工作电流为 140mA，维持电流 60mA。由于其片内设有编程所需的高压脉冲产生电路，因而无需外加编程电源和写入脉冲即可工作。采用典型的 28 脚结构，与常用的 8KB 静态 RAM 6264 引脚完全兼容。内部地址锁存，并且有 16 字节的数据"页缓冲器"，允许对页快速写入，在片上保护和锁存数据信息。提供软件查询的标志信号，以判定数据是否完成对 E²PROM 的写入，芯片的引脚、结构如图 7-5 所示。

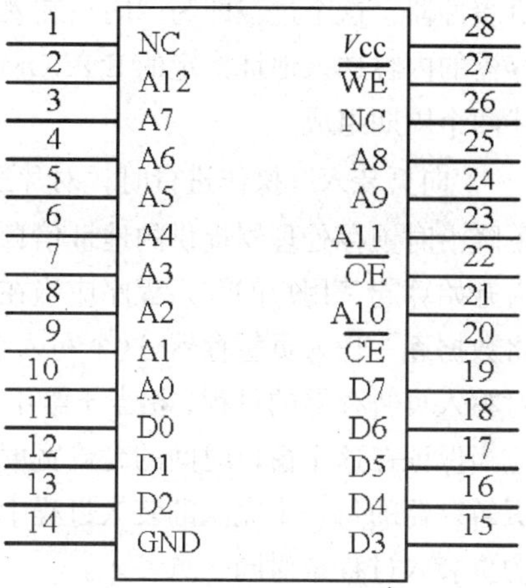

A0-A12：地址线

D0-D7：数据线

$\overline{CE}$：片选线

$\overline{OE}$：输出使能端

$\overline{WE}$：写使能端

图 7-5　2864A 引脚分配

1. 2864A 的工作方式

2864A 有 5 种工作方式，如表 7-2 所示。

表 7-2　　　　　　　　　　　2864A 工作方式选择

方　　式	控　制　脚			
	$\overline{CE}$	$\overline{OE}$	$\overline{WE}$	D0－D7
读出	L	L	H	输出信息
写入	L	H	L	数据输出
禁止写、不工作	H	X	X	高阻
禁止写	X	L	X	—
禁止写	X	X	H	—

（1）读出方式

2864A 的读出类似于 EPROM 和 SRAM（静态 RAM）的读出操作。2864A 采用两线控制方式，为了能从数据总线上获得 2864A 的数据输出，必须同时满足 $\overline{OE}$ 为低电平和 $\overline{CE}$ 为低电平。当 2864A 在系统中占用的地址空间被确定后，在系统硬件结构上应确保地址译码线 $\overline{CE}$ 为低电平，当芯片被选中后，由输出使能端 $\overline{OE}$ 来控制。

一般 $\overline{OE}$ 端与系统中处理机给出的 $\overline{RD}$ 脚相连接。这样当执行指向该芯片的读指令地，即可将所指定单元内容送到数据总线上。

2864A 芯片内容在正确使用下可以允许无限次地读出。读出延时时间在 200~350ns 范围内，可以满足一般处理机的时序要求。

（2）写入方式

早先提供的 E²PROM，诸如 2815、2816、2827 等在写入信息时都要求外加高压（21V）作为编程电压，而且都是逐一地将指定字节写入，需要较长的写入时间。2864A 内部包含有电压提升电路，不必增加高压，完全由单独的+5V 供电，保证了写入时在硬件结构上与平常的读出过程完全一样，以此实现完全在软件管理下，无需外加干预的写入，为达到便于管理，缩短写入时间，在结构上提供了数据、地址的缓冲、锁存器。安排了一个 16 字节的页暂存器组，并将整个 E²PROM 存储器阵列按 16 字节为一页的划分成 512 页。页的区分地址由高几位地址确定（A4～A12）。把数据写入 E²PROM 存储单元的过程可分成两步来完成。第一步：在处理器软件控制下把数据写入页缓冲器，这个过程即为"向页装入"周期。第二步：2864A 在自己内部时序的管理下，把页暂存器的内容送入地址指定的 E²PROM 单元内，这即为"页内容存储"周期。全部写入过程即由上述两个周期组成。

"向页装入"操作进行时，对片选中的 2864A 芯片，利用每个控制信号 $\overline{WE}$ 脉冲，在它的下降沿时锁存处理器提供的地址信息，在它的上升沿时锁存数据总线的内容。从 $\overline{WE}$ 脉冲的下降沿开始算起，用户的写入程序应当在有效的 20μs 内向页暂存器写入数据，并按照这个时间要求，将数据逐一送入页暂存器。这个写入页暂存器的过程是重复地执行，直到写完一页 16 字节才停止，对写入页暂存器的过程，相当于给用户写入程序提供了一个打开 20μs 宽度的窗口时间，写入程序应当保证在这个窗口时间的允许宽度内将一个字节写入。由于内部 E²PROM 按"页"安排，在对页暂存器的每一个完全的装入过程中，地址的高 8 位（A4～A12）必须保持不变，以保证在本次的页装入过程是对同一页装入。

这个内部规定的 20μs 时序，被定义为完成一个字节数据的写入操作的上限时间（T_{BLW}），当要求将连续 8 个数据送入某一页时，开始写入后，它内部时序将连续地启动，并用上述的窗口时间来判断是否已有数据写入页暂存器。对用户的写入程序而言，应当按这特性来操作 2864A，在将指定的数据块向某一页传送时，在送入第一字节后，应当保证连续送入的下一字节在不超过 20μs 的时间窗口内向页写入。这就是"向页装入"的关键要求。如果对页暂存器某一单元中写入多于一个字节时，而这些多写的内容都是在同一次的页装入过程中出现，那么，最后写入的数据才被作为有效数据处理，先前的不保留。在 2864A 内部定时器判定超出了窗口时间 120μs 的限制后，处理器仍未写入下一数据时，2864A 将完成本次页装入自动地进入页内容存储周期。

"页内容存储"操作出现在"向页装入"周期完成后，即 20μs 的窗口定时时间超出后自动进入。全部过程是内部自动完成的，它首先将选中的页的内容抹去，然后将页暂存器的内容作为新数据送入 E²PROM 指定的页中。在"页内容存储"操作进行时，该片 2864A 所用的所有的控制信号线将失效，数据总线接口处于高阻态。这样，处理器能够在 2864A 进入"页内容存储"周期时可使用数据总线传送其他信息。在页内容存储期间并不要求有额外的高压电源，电源功耗处于操作水平，在写入周期内电源应当保持在特性要求的范围内，不应有明显的波动。在页内容存储期间，如对该 2864A 执行读出操作，这时读出是最后写入的字节，但是它的最高位将是原来字节最高位的反码。

上述的写入是以"页"来划分的，但 2814A 也可以独立地将任一字节写入 E²PROM，这就是早先各种 E²PROM 所采用的字节写入方式。其实，按字节写入操作，可以仅将一字节写到页暂存器内，然后进入页内容存储周期，内部仍是按"页"操作，但有效的新数据仅有一字节，其他15 字节内容全处于无效的重复操作。

2864A 每字节重复写入寿命大于 10000 次，以每天重写 10 次计算，起码能正常工作 3 年。

（3）未选中方式

类似一般 EPROM，2864A 也提供同样的未选中方式。进入这种方式时，所需的功耗大大降低，从正常工作的 700mV 降低到 300mV。当 2864A 的片选端 $\overline{CE}$ 未被选中（处于 TTL 的逻辑高电平），这时 2864A 的数据总线接口处于高阻状态，并与允许输出端（$\overline{OE}$）的给定状态无关。

（4）禁止写方式

最后的两种工作方式均属禁止写方式，这时不会出现写入操作。当控制信号中只要出现 $\overline{OE}$ 端输入低电平，或 $\overline{WE}$ 端输入高电平时都必然禁止写入操作。

2. 编程的考虑因素

2864A 接入系统中，加电后的工作状态总是处于上述五种工作方式中的某一种。对它的管理关键是写入管理，按上述讨论，对 2864A 的写入程序必须考虑到它工作的特点，对它的写入过程——向页装入及页内容存储的两个周期的详细时序要求必须首先仔细分析，所设计的系统结构及软件必须与之相适配，满足 2864A 的时序要求才能实现正确的操作。

2864A 由它的内部时序给出范围 $3\mu s < t_{BLW} < 20\mu s$ 的字节装入页暂存器的窗口时间。它包括了时序图所示的 $\overline{WE}$ 信号出现的整个周期时间，即 $\overline{WE}$ 为低电平时的 t_{WPL} 与高电平 t_{WPH} 的时间总和。当这周期时间在 $3\mu s$ 和 $20\mu s$ 范围内时，字节装入时间符合窗口时间要求，能在内部时序控制下自动进入下一个窗口时间。

从外部 RAM 把一页数据送入 2864A 的页暂存器的功能可以通过编写一段"向页装入"子程序来实现。在这子程序中装入一字节的执行时间应当在窗口时间的允许范围内。例如，具有 12MHz 的 8051 系统，当传送是在外部数据存储器向外部数据存储器传送时，（2864A 占用了外部数据存储空间地址）一般仅需八条指令，其中一机器周期的三条，二机器周期的五条，所以总共要求传送一字节的时间为：XFFR RATE=t_{BLW}=(5×2+3×1) × 1(μs)=13μs/byte。它在 13 个机器周期内完成一次传送，符合 2864A 的时序要求。假如数据在 8051 的两组不同空间中传送，如从程序存储空间向数据存储空间传送时，由于指针的保存（DPTR），往往要求必须执行 13 条指令才能完成一字节的传送，这些指令均要求二机器周期时，数据传送率将为：

$$XFFR\ RATE= t_{BLW} =13 \times 2 \times 1/12MHz=26\mu s/byte$$

由于它大于 $20\mu s$，2864A 在写入命令出现后的 $20\mu s$ 将自动进入"页内容存储"周期。这时它将不再响应外部对它写入新数据，外加控制信号无效。所以尽管程序的执行过程中完成了向 2864A 写入 16 字节的操作，但实际上仅对 2864A 正确地写入了第一字节，即第二字节写入时，已超出了窗口时间，无法写入。为此，上述的写入过程可以分成两步；先将原数据送入 80C51 的内部数据存储器，然后再从内部数据存储器按小于 $20\mu s$/B 的速率向页暂存器传送。内部数据存储器向外部数据存储器的传送过程，用 8051 的指令仅需 5 条指令，$8\mu s$ 就足够了。

写入程序还应当满足 2864A 将页内容存入 E^2PROM 阵列的时间要求，在这段时间内 2864A 不接受新数据送入页暂存器内。为保证每一数据的正确送入，在写入程序中可用软件查询方法来获得最快速的写入操作。这种操作是基于 2864A 进入"页内容存储"阶段时，如果执行一条读出指令，在数据总线上的最高位（D7）将会读到最后送入页暂存器字节最高位的反码，这个反码一直保留到存储周期的完成为止。所以在写入程序可以通过不断查询数据最高位状态来判明"页内容存储"是否已经完成，这样将可以优化写入特性。

以 8051 为例，在完成向页暂存器写入后，处理器将不断地把最后写入地址的数据与读出的内容相比较，当它们的最高位不同时，将重复检测，直到结果一致，表示写入周期完成，才进入下一写入周期。程序中设原数据存放在外部数据存储器中，首地址存入 DPTR 中，2864A 地址也在外部数据存储器，由 R0 间址寻址。

```
DAGELOAD:    MOV     Rn,#10H          ;计数
             MOV     DPTR,SOADD       ;源地址指针
             MOV     R0,DL            ;目的低位地址
             MOV     P2,DH            ;目的高位地址
STAT:        MOVX    A,@DPTR          ;取数据
             MOV     $KEEP,A          ;暂存 KEEP 单元
             MOVX    @R0,A            ;写入 2864A
             INC     DPTR             ;指针加 1
             INC     R0
             CJNE    R0,#00H,L1       ;判低位地址
             INC     P2               ;高位地址加 1
L1:          DJNZ    Rn,STAT          ;计数,判满否?
L2:          MOVX    A,@R0            ;读 2864A
             XRL     A,$KEEP          ;与原写入数据异或
             JB      ACC.7,L2         ;不等时重测
             RET                      ;存入 E²PROM 结束
```

上述写入程序中向页装入的循环部分使用 13 个机器周期，使用 12MHz 时满足窗口时间的要求。在等待内容存储周期完成部分用了上述查询读出的最高位与写入状态是否一致的原理，在完成后，最多延长 10μs 即可转到下一处理过程。

3. 2864A 与 8031 的连接

2864A 与 8031 的硬件连接如图 7-6 所示。图中采用了将外部数据存储器空间和程序存储器空间合并的方法，即将 $\overline{PSEN}$ 信号与 $\overline{RD}$ 信号相"或"，其输出作为单一的公共存储器读选通信号。

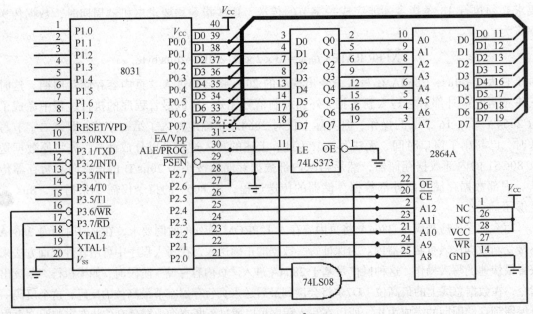

图 7-6　扩展 2864 AE²PROM

这样，8031 即可对 2864A 进行读/写操作了。此外，为了简单起见，图中 2864A 的片选信号端 $\overline{CE}$ 直接接地，在实际应用中应通过 74LS1138 译码器输出片选信号。

7.2　数据存储器的扩展设计

80C51 芯片虽内部具有一个 128B 的 RAM 存储器，它们可以作为工作寄存器、堆栈、软件标志和数据缓冲器。CPU 对其内含 RAM 有丰富的操作指令，因此这个 RAM 是十分珍贵的资源，我们应合理地、充分地使用片内 RAM 存储器，发挥它的作用。在诸如数据采集处理的应用系统中，仅有片内的 RAM 存储器往往是不够的，在这种情况下，需要利用 80C51 系列产品来扩展外部 RAM 存储器，本节我们以 8031 为例讨论外部数据存储器的扩展方法。

7.2.1　80C51 访问外部 RAM 的定时波形

图 7-7 给出了单片机扩展 RAM 的电路结构。图中 P0 口为分时传送的 RAM 低 8 位地址/数据线，P2 口的高 8 位地址线用于对 RAM 进行页寻址。在外部 RAM 读/写周期，CPU 产生 $\overline{RD}$ / $\overline{WR}$ 信号。

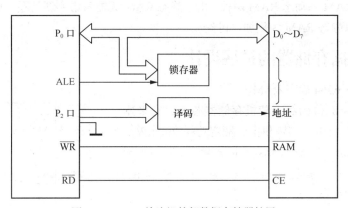

图 7-7　80C51 单片机外部数据存储器扩展

80C51 单片机与外部 RAM 单元之间数据传送的定时波形如图 7-8 所示。

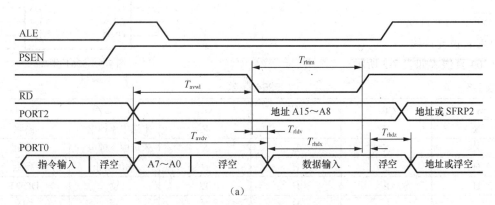

(a)

图 7-8　80C51 访问外部 RAM 定时波形

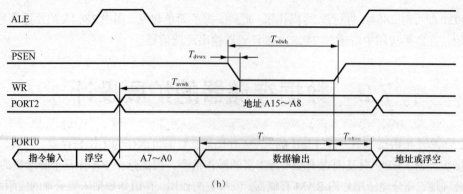

图 7-8　80C51 访问外部 RAM 定时波形（续）

在图 7-8（a）的外部数据存储器读周期中，P2 口输出外部 RAM 单元的高 8 位地址（页面地址），P0 口分时传送低 8 位地址及数据。当地址锁存允许信号 ALE 为高电平时，P0 口输出的地址信息有效，ALE 的下降沿将此地址打入外部地址锁存器，接着 P0 口变为输入方式，读信号 $\overline{RD}$ 有效，选通外部 RAM，相应存储单元的内容出现在 P0 口上，由 CPU 读入累加器。

外部数据存储器写周期波形，如图 7-8（b）所示，其操作过程与读周期类似。写操作时，在 ALE 下降为低电平以后，$\overline{WR}$ 信号才有效，P0 口上出现的数据写入相应的 RAM 单元。常用的数据存储器有静态 RAM 和动态 RAM 两种，由于静态 RAM 无需考虑刷新问题，所以接口简单是最常用的。下面就以静态 RAM 为例加以讨论。

7.2.2　数据存储器的扩展设计

下面介绍一下 6264 静态 RAM。

6264 是 8K×8 位的静态随机存储器芯片，它采用 CMOS 工艺制造，由单一+5V 供电，额定功耗 200mW，典型存取时间 200ns，为 28 线双列直插式封装，其引脚配置如图 7-9 所示。

A0～A12：地址线

D0～D7：双向数据线

$\overline{CE1}$：片选线 1

$\overline{CE2}$：片选线 2

$\overline{WE}$：写允许线

$\overline{OE}$：读允许线

6264 真值表如表 7-3 所示。

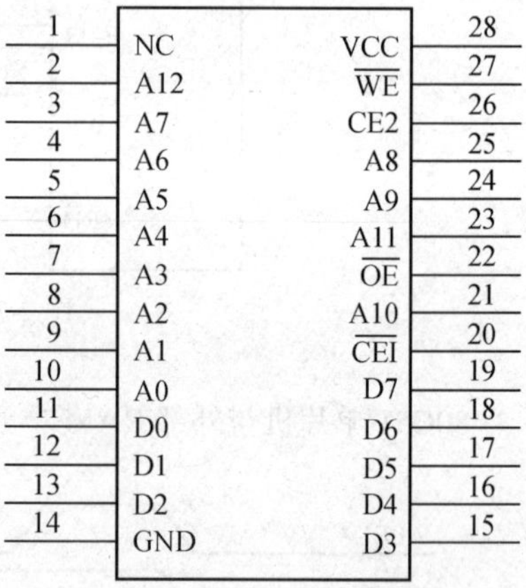

图 7-9　6264 引脚图

表 7-3　　　　　　　　　　　　　　　　　　6264 真值表

$\overline{WE}$	$\overline{CE1}$	CE2	$\overline{OE}$	方　式	D0～D7
X	H	X	X	未选中（掉电）	高阻
X	X	L	X	未选中（掉电）	高阻
H	L	H	H	输出禁止	高阻
H	L	H	L	读	DOUT
L	L	H	H	写	DIN
	L	H	L	写	DIN

由表 7-3 得，当片选 2（$\overline{CE2}$）为低电平时，6264 芯片处于末选中状态，在一般情况下需将此引脚拉至高电平。当把该引脚拉至小于或等于 0.2V 时，RAM 就进入数据保持状态。片选 1（$\overline{CE1}$）为高电平时芯片未选中，为低电平时芯片被选中。从逻辑上看符合 74LS138 要求，所以一般将 $\overline{CE1}$ 作为片选信号，接于译码器，CE2 在不需保持状态时必须接高电平，图 7-10 给出了 8031 与 6264 的硬件连接图。

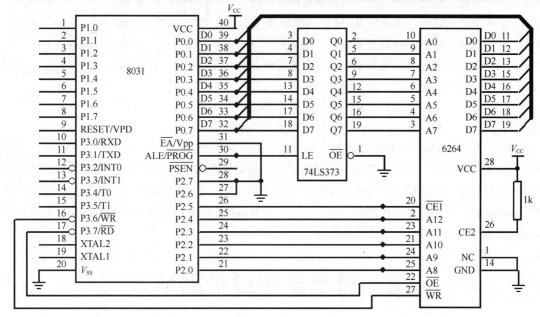

图 7-10 6264 扩展图

由于数据存储器的地址空间和程序存储器占有的地址空间是相同的，所以在某些应用中，要执行的程序的地址与存放数据的地址相同。在 8051 中可以用 $\overline{PSEN}$ 信号和 $\overline{RD}$ 信号相或使外部程序存储器与外部数据存储器的存储空间重叠而又能分别访问。

7.2.3 RAM 的掉电保护

单片机在某些测量、控制等领域的应用中，常要求单片机内部和外部 RAM 中的数据在电源掉电时不丢失，重新加电时 RAM 中的数据能够保存完好。这就要求对单片机系统加接掉电保护电路。

掉电保护通常可采用以下两种方法，其一，加装不间断的电源，让整个系统在掉电时继续工作；其二，采用备份电源，掉电后保护系统中全部或部分数据存储单元的内容。由于第一种方法体积大、成本高，对单片机系统来说，不宜采用。第二种方法是根据实际需要，在掉电时保存一些必要的数据，使微机在电源电压恢复后，能够继续执行程序，因而经济实用。

在具有掉电保护功能的单片机系统中，一般采用 CHMOS 单片机和 CMOS RAM。

这里仅讨论两种常用的 CMOS RAM 掉电保护电路。

1. 简单的 CMOS RAM 掉电保护电路

我们知道，当 CMOS RAM 从正常电源（$V_{CC}=5V$）切换到备份电源（V_{BAT}）时，为了防止丢失 RAM 中的数据，必须保证整个切换过程中 CS 引脚的信号一直保持接近 V_{CC}。

通常，都是采用在 RAM 的 $\overline{CS}$ 端与电源之间接一个电阻来实现 CMOS RAM 的电源切换，然而，如果在掉电时，译码器的输出出现低电平，就可能出现问题。

图 7-11 提供了一简单的电路，它能够避免上述问题的产生。图中，连到 6116RAM 的片选信

号将经过一个电容，这样电源和地址译码器输出之间就没有直流通路。因而，在电源切换时，无论译码器输出信号为高或低，都不会影响 $\overline{CS}$ 的状态。

2. 可靠的 CMOS RAM 掉电保护电路

上述的电路虽然简单，但有时可能不能起到 RAM 掉电保护的作用。原因是在电源掉电和重新加电的过程中，由于电源的切换，可能使 RAM 瞬间处于读/写状态，使原来 RAM 中的数据遭到破坏。因此在掉电刚刚开始以及重新加电直到电源电压稳定下来之前，RAM 应处于数据保持状态，如 6264RAM 等，这种 RAM 芯片上有一个 CE2 引脚，在一般情况下需将此

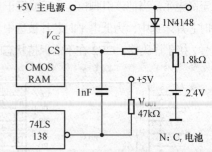

图 7-11 简单的 CMOS RAM 掉电保护电路

引脚拉至高电位。当把该引脚步拉至小于或等于 0.2V 时，RAM 就进入数据保持状态。

实用的静态 RAM 掉电保护电路现在都采用专用的芯片 X25045/43，2000 年 XICOR 又全面升级所有电源管理芯片，X5045/43 在原 X25045/43 的基础上增加多种复位门限，并且在一定范围内可通过编程设定。与此同时，又推出 I^2C 总线的 X4045/43。所有 X4043/54、X5043/45 系列根据功能和存储容量不同还有多种型号，自带可编程的看门狗定时器，低电源检测和复位。5 种标准复位门限电压直至 V_{cc}=1V 复位信号有效。

7.3 显示器接口扩展技术

显示器是最常用的输出设备，特别是发光二级管显示器（LED）和液晶显示器（LCD），由于结构简单、价格便宜、接口容易，得到了广泛的应用，尤其在单片机系统中大量使用。下面分别介绍发光二级管显示器（LED）与 8031 的接口设计和相应的程序设计。

7.3.1 LED 结构与原理

发光显示器是单片机应用产品中常用的廉价输出设备。它是由若干个发光二极管组成的，当发光二级管导通时，相应的一个点或一个笔划发光，控制不同组合的二极管导通，就能显示出各种字符，常用七段显示器结构如图 7-12 所示。

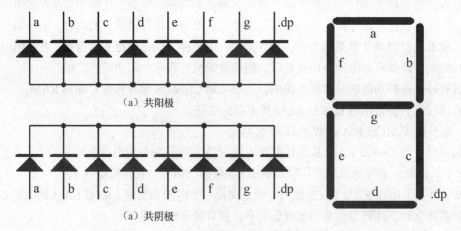

（a）共阳极

（a）共阴极

图 7-12 发光管结构

点亮显示器有静态和动态两种方法。

所谓静态显示，就是当显示器显示某一个字符时，相应的发光二级管恒定地导通或截止。例如，七段显示器的 a、b、c、d、e、f 导通，g 截止，则显示 0。这种显示器方式，每一位都需要有一个 8 位输出口控制，所以占用硬件多，一般用于显示器位数较小（很少）的场合。当位数较多时，用静态显示所需的 I/O 口太多，一般采用动态显示方法。

所谓动态显示就是一位一位地轮流点亮各位显示器（扫描），对于每一位显示器来说，每隔一段时间点亮一次。显示器的点亮既跟点亮时的导通电流有关，也跟点亮时间和间隔时间的比例有关。调整电流和时间的参数，可实现亮度较高较稳定的显示。若显示器的位数不大于 8 位，则控制显示器公共极电位只需一个 I/O 口（称为扫描口），控制各位显示器所显示的字形也需一个 8 位口（称为段数据口）。8 位共阴极显示器和 8255 的接口逻辑如图 7-13 所示。8255 的 A 口作为扫描口，经同相驱动器 7545N 接显示器公共极，B 口作为段数据口，经同相驱动器 7407 接显示器的各个级。

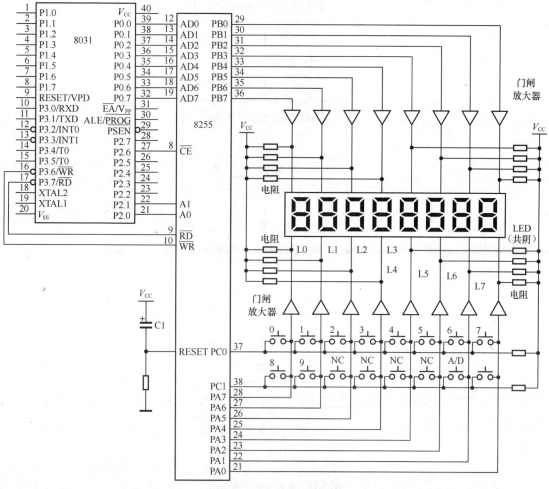

图 7-13　8 位动态显示接口

7.3.2　动态显示程序设计

对于图 7-13 中的 8 位显示器，在 8031 RAM 存储器中设置 8 个显示缓冲单元 77H～7EH，分别存放 8 位显示器的显示数据，8255 的 A 口扫描输出总是有一位为高电平，8255 的 B 口输出相应位（共阴极）的显示数据的段数据，使某一位显示出一个字符，其他位为暗，依次地改变 A 口输出为高电平的位，B 口输出对应的段数据，8 位显示器就显示出缓冲器中显示数据所确定的字符。显示子程序流程图如图 7-14 所示。在编此显示子程序之前，必需明确以下三个问题。

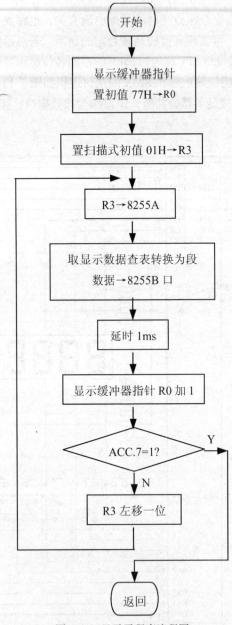

图 7-14　显示子程序流程图

1. 要初始化 8255

任何接口芯片不初始化，它是不工作的，也就是说不由你控制，初始化就是根据你怎样使用它而设定控制字，此题我们是将 A 口、B 口用作输出口，C 口用作输入口，所以控制字为 89H。

2. 各口的地址计算

从图可见我们是将片选信号线 $\overline{CS}$ 接 P2.6，A0 接 P2.0，A1 接 P2.1，可算得控制口地址为 BFFFH，A 口地址为 BCFFH，B 口地址为 BDFFH，C 口地址为 BEFFH。

3. 显示过程是先让第一块点亮（向 A 口送 FEH），然后根据第一个显示缓冲区中的数字，到表中取得对应的驱动码送到数据输出口（B 口）去显示。

程序清单如下：

```
DIR: MOV  DPTR,#0BFFFH
     MOV  A,#89H
     MOVX @DPTR,A              ;8255 初始化
     MOV  R0,#77H              ;显示数据缓冲区首址送 R0
```

程序清单如下：

```
     MOV  R3,#0FEH            ;使显示器最右边位亮
     MOV  A,R3
LDO: MOV  DPTR,#0B0FFH        ;扫描值送 PA 口
     MOVX @DPTR,A
     MoVDPIR,#0BOFFH          ;数据指针指向 PB 口
     MOV  A,@R0               ;取显示数据
     ADD  A,#12H              ;加上偏移量
     MOVC A,@A+PC             ;取出字形
     MOVX @DPTR,A             ;送出显示
     ACALL DL1                ;调用延时子程序
     INC  R0                  ;数据缓冲区地址加 1
     MOV  A,R3
     JB   ACC.7,LD1           ;扫描到第八个显示器了吗
     RL   A                   ;没有
     MOV  R3,A                ;R3 左环移一位,扫描下一个显示器
     AJMP LD0
LD1: RET
DSEG: DB   3FH,06H,5BH,4FH,66H,6DH
DSEG1: DB  7DH,07H,FH,67H,77H,7CH
DSEG2: DB  39H,5EH,79H,71H,73H,3EH
DSEG3: DB  31H,6EH,1CH,23H,40H,0311
DSEG4: DB  18H,00H,00H,00H
DL1: MOV  R7,#02H             ;延时子程序
DL:  MOV  R6,#0FFH
DL6: DJNZ R6,DL6
     DJNZ R7,DL
     RET
```

以上程序一定要读懂，会根据硬件的变化修改，有了此子程序时可编出如下显示 1、2、3、4、5、6、7、8 的完整程序：

```
     ORG  0100H
     MOV  77H,#01H
     MOV  78H,#02H
     MOV  79H,#03H
     MOV  7AH,#04H
     MOV  7BH,#05H
     MOV  7CH,#06H
     MOV  7DH,#07H
     MOV  7EH,#08H
LOOP: ACALL DIR
```

```
AJMP LOOP
END
```

7.4 键盘接口设计

键盘是由若干个按键组成的开关矩阵，它是一种廉价的输入设备。一个键盘，通常包括有数字键（0～9），字母键（A～Z）以及一些功能键。操作人员可以通过键盘向计算机输入数据、地址、指令或其他的控制命令，实现简单的人机对话。

用于计算机系统的键盘有两类，一类是编码键盘，即键盘上闭合键的识别由专用硬件实现的；另一类是非编码键盘，即键盘上键入及闭合键的识别由软件来完成。

本节将主要介绍8031与非编码键盘的接口技术和键输入程序的设计。

键盘接口应具有如下功能。

1. 键扫描功能，即检测是否有键按下。
2. 键识别功能，确定被按下键所在的行列的位置。
3. 产生相应的键的代码（键值）。
4. 消除按键弹跳及对付多键串键（复按）。
5. 8031与键盘的接口可采用下列四种方式。
6. 8031通过并行接口（如8155，8255）与键盘接口。
7. 8031通过串行口与键盘接口。
8. 8031的并行口直接与键盘接口。

7.4.1 键盘工作原理

3×3的键盘结构如图7-15所示，图中列线通过电阻接+5V。当键盘上没有键闭合时，所有的行线和列线断开，列线 Y0～Y2 都呈高电平。当键盘上某一个键闭合时，则该键所对应的列线与行线短路。例如4号键按下闭合时，行线 X1 和列线 Y1 短路，此时 Y1 的电平由 X1 行线的电位所决定。如果把列线接到微机的输入口，行线接到微机的输出口，则在微机的控制下，使行线 X0 为低电平（0），其余 X1，X2 都为高电平，读列线状态。如果 Y0、Y1、Y2 都为高电平，则 X0 这一行上没有闭合键，如果读出的列线状态不全为高电平，则为低电平的列线与 X0 相交处的键处于闭合状态；判断 X0 这一行上是否有键闭合。这种逐行逐列地检查键盘状态的过程称为对键可以采取定时控制方式，每隔一定时间，CPU 对键盘扫描一次，也可以采用中断方式。每当键盘上有键闭合时，向 CPU 请求中断，CPU 响应键盘输入中断，对键盘扫描，以识别哪一个键处于闭合状态，并对键输入信息作出相应处理。CPU 对键盘上闭合键键号的确定，可以根据行线和列线的状态计算求得，也可以根据行线和列线状态查表求得。

在图7-15中，X0 为低电平，1号键闭合一次，Y1 的电压波形如图7-16所示。图中 t1 和 t3 分别为键的闭合和断开过程中的抖动期（呈现一串负脉冲），抖动时间长短与开关的机械特性有关，一般为 5～10ms，t2 为稳定闭合期，其时间由操作员的按键动作所确定，一般为十分之几秒～几秒，t0、t4 为断开期。为了保证 CPU 对键的闭合作一次处理，必须去除抖动，在键的稳定闭合或断开时读键的状态。

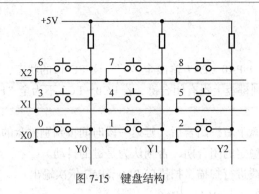

图 7-15　键盘结构

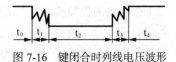

图 7-16　键闭合时列线电压波形

7.4.2　键盘接口设计

1. 8031 经 8255 与键盘显示器接口方法

图 7-17 为 8×2 键盘，6 位显示器和 8031 的接口逻辑，8031 外接一片 8255。因 8255 的 $\overline{CE}$ 与 P2.6 接（A14=0），A0 与 P2.0 接(A8)，A1 与 P2.1（接 A0），所以可选 83E8H 为 8255 控制字地址，84E8H 为 A 口地址，85E8H 为 B 口地址，86E8H 为 C 口地址。8255 的 PB 口为输出口控制显示器字形，PA 口为输出口控制键扫描作为键扫描口，同时又是 6 位显示器的扫描输出口，8255 的 C 口作为输入口，PC0～PC1 读入键盘数，称为键输入口。

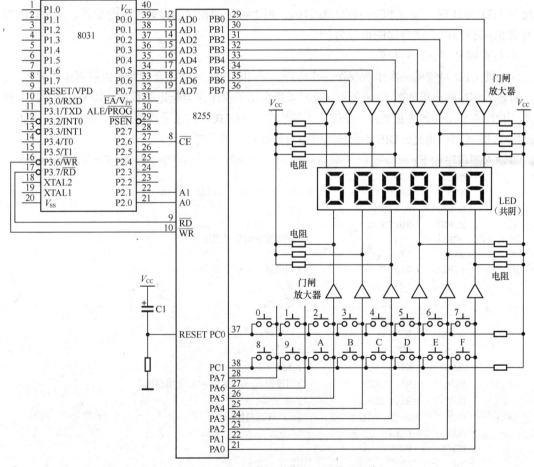

图 7-17　8031 与 8255 的键盘显示接口电路

2. 下面介绍键输入程序

键输入程序的功能有以下四个方面。

（1）判别键盘上有无键闭合，其方法为扫描口 PA0～PA7 输出全"0"，读 PC 口的状态，若 PC0～PC3 为全"1"（键盘上行线全为高电平），则键盘上没有闭合键，若 PC0～PC3 不为全"1"、则有键处于闭合状态。

（2）去除键的机械抖动，其方法为判别到键盘上有键闭合后，延迟一段时间再判别键盘的状态，若仍有键闭合，则认为键盘上有一个键处于稳定的闭合期，否则认为是键的抖动。

（3）判别闭合键的键号，方法为对键盘的列线进行扫描，扫描口 PA0～PA7 依次输出：

PA7	PA6	PA5	PA4	PA3	PA2	PA1	PA0
1	1	1	1	1	1	1	0
1	1	1	1	1	1	0	1
1	1	1	1	1	0	1	1
⋮							
1	0	1	1	1	1	1	1
0	1	1	1	1	1	1	1

并相应的顺次读 PC 口的状态，若 PC0～PC1 不全"1"，则列线为 0 的这一列上没有键闭合，否则这一列上有键闭合，闭合键的键号等于低电平的列号加上低电平的行的首键号。例如，PA 口输出为 1111 1011 时，读出 PC0～PC3 为 1101，则 1 行 1 列相交的键处于闭合状态。第 1 行的首键号为 8，列号为 1，闭合键的键号为：

N=行首键号+列号=8+1=9。

（4）使 CPU 对键的一次闭合仅作一次处理，采用的方法等待闭合键释放以后再作处理。

键输入程序的流程如图 7-18 所示。我们采用显示子程序作为延迟子程序，其优点是在进入键输入子程序后显示器始终是亮的。在键输入源程序中，DISUP 为显示程序调用一次用 6ms。DIGL 为 84E8H 即 A 口的地址，DISM 为显示器占有数据存储单元首地址。

键输入源程序如下：

```
        ORG    8095H
        MOV    DPTR,#83E8H      ;8255 初始化，A 口出，B 口出；
        MOV    A,#81H           ;C 口入
        MOVX   @DPTR,A
KEY:    ACALL  KS1              ;调用键否闭合子程序
        JNZ    LK1
NI:     ACALL  DISUP            ;调用显示子程序等 6ms
        AJMP   KEY              ;返回
LK1:    ACALL  DISUP            ;等 12ms
        ACALL  DISUP
        ACALL  KS1              ;调用键否闭合子程序
        JNZ    LK2              ;有键按下转 LK2
        AJMP   NI               ;无键按下转 NI
LK2:    MOV    R2,#0FEH         ;扫描模式→R2（从 PA0 开始扫描）
        MOV    R4,#00H          ;R4 清零
LK4:    MOV    DPTR,#DIGL       ;A 口逐列扫描
        MOV    A,R2
        MOVX   @DPTR,A
        INC    DPH              ;取 C 口地址
        INC    DPH
```

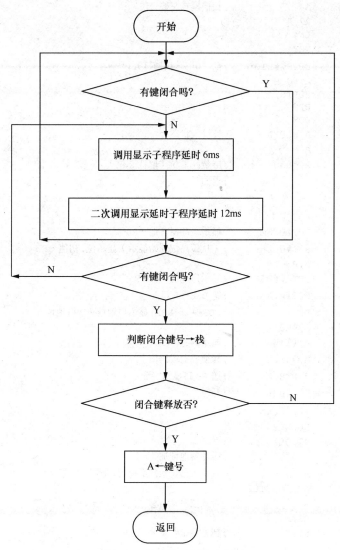

图 7-18　键输入子程序流程图

```
        MOVX    A,@DPTR         ;读 C 口内容
        JB      ACC.0,LONE      ;转判 1 行
        MOV     A,#OOH          ;0 行有键闭合
        AJMP    LKP             ;转键处理
LONE:   JB      ACC.1,NEXT      ;转判下一行
        MOV     A,#08H          ;1 列有键闭合,首键号 08→A
LKP:    ADD     A,R4            ;键处理
        PUSH    ACC             ;键号进栈保护
LK3:    ACALL   DISUP           ;判键释放否
        ACALL   KSi
        JNZ     LK3
        POP     ACC             ;键号出栈
        RET
NEXT:   INC     R4              ;列计数器加 1
        MOV     A,R2            ;判是否扫描到最后一列
        JNB     ACC.7,KND
```

```
            RL       A                   ;扫描模式左移一位
            MOV      R2,A
            AJMP     LK4
KND:        AJMP     KEY
KS1:        MOV      DPTR,#DIGL          ;全"0"→扫描口A口
            MOV      A,#OOH
            MOVX     @DPTR,A
            INC      DPH
            INC      DPH
            MOVX     A,@DPTR             ;读键入状态
            CPL      A
            ANL      A,#03H              ;屏蔽高6位（取低2位）
            RET                          ;返回
```

显示程序：

```
            ORG      8030H
DISUP:      MOV      R0,#DISM            ;显示缓冲器首地→R0
            MOV      R3,#0DFH            ;（从最高位开始显示）显示位,初值→R3
            MOV      A,R3
DIS0:       MOV      DPTR,#DIGL          ;显示口地址→DPTR
            MOVX     @DPTR,A             ;送DFH→A口
            INC      DPH                 ; DPH+1→DPH,显示口地址（B口地址）
            MOV      A,@R0               ;显示内容→A
            ADD      A,#17H              ;显示内容→A
            MOVC     A,@a+PC             ;转换成七段码值
            MOVX     @DPTR,A             ;送PB口显示字形
            MOV      R7,#02H             ;延时
DL1:        MOV      R6,#OFFH
DL2:        DJNZ     R6,DL2
            DJNZ     R7,DL1
            INC      R0                  ;缓冲器地址加1
            MOV      A,R3                ;判是否已显示到最低位,是转DIS2
            JNB      ACC.o,DIS2
            RR       A                   ;否数位模式右移一位（DFH→EFH）
            MOV      R3,A
            AJMP     DISO                ;转DIS0再显示
DIS2:       RET
DSEG:       DB       3FH,06H,5BH,4FH  ;七段码表
            DB       66H,6DH,7DH,07H
            DB       7FH,6FH,77H,7CH
            DB       39H,5EH,79H,71H
            DB       00H,09H,02H
```

注：DISM 为显示缓冲存储器 DISM0～DISM5（存放被显示内容），DIGL 为显示器口地址，键输出口地址（PA口）。

7.5 模/数（A/D）和数/模（D/A）转换器电路接口设计

在计算机应用领域中，特别是在实时控制系统中，常常需要把外界连续变化的物理量（如温度、压力、流量、速度），变成数字量送入计算机内进行加工、处理；反之，也需要将计算机计算

结果的数字量转为连续变化的模拟量，用以控制、调节一些执行机构，实现对被控对象的控制，若输入是非电的模拟信号，还需要通过传感器转换成电信号，这种由模拟量变为数字量、或由数字量转为模拟量，通常叫做模/数、数/模转换。用以实现这类转换的器件，叫做模/数（A/D）转换器和数/模（D/A）转换器。图 7-19 是具有模拟量输入和模拟量输出的 80C51 应用系统。

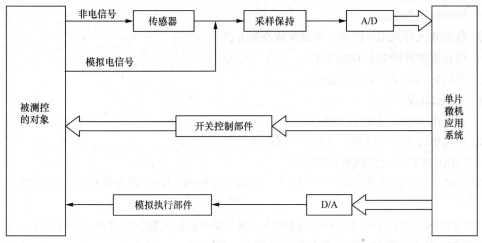

图 7-19　具有模拟量输入和输出的单片机应用系统

　　模/数、数/模转换技术是数字测量和数字控制领域的一个专门分支，有很多专门介绍 A/D、D/A 转换技术与原理的专著。在今天，对那些具有明确应用目标的单片微机产品设计人员来讲，只需要合理地选用商品化的大规模 A/D、D/A 转换电路，了解它们的功能和接口方法。这一节我们从应用的角度，叙述几种常用典型的 A/D、D/A 转换电路和 8VC51 系统的接口逻辑设计和相应的程序设计。

7.5.1　D/A 转换器与 8031 的接口设计

　　1．D/A 转换器的基本原理

　　D/A 转换器的基本功能是将一个用二进制表示的数字量转换成相应的模拟量。实现这种转换的基本方法是对应于二进制数的每一位产生一个相应的电压（电流），而这个电压（电流）的大小则正比于相应的二进制位的权。

　　2．主要技术指标

　　（1）分辨率。通常用数字量的数位表示，一般为 8 位、12 位、16 位等。分辨率 10 位，表示它可能对满量程的 $1/2^{10}=1/1024$ 的增量作出反应。

　　（2）输入编码形式。如二进制码，BCD 码等。

　　（3）转换线性。通常给出在一定温度下的最大非线性度，一般为 0.01%～0.03%。

　　（4）转换时间。通常为几十纳秒～几微秒。

　　（5）输出电平。不同型号的输出电平相差很大。大部分是电压型输出，一般为 5～10V；也有高压输出型的，为 24～30V。也有一些是电流型的输出，低者为 20mA 左右，高者可达 3mA。

　　3．集成 D/A 转换器——DAC0832

　　DAC0832 是目前国内用得较普遍的 D/A 转换器。

（1）DAC0832 主要特性

DAC0832 是采用 CMOS/Si-Cr 工艺制成的双列直插式单片 8 位 D/A 转换器。它可直接与 Z80，808，808 等 CPU 相连，也可同 8031 相连，以电流形式输出；当转换为电压输出时，可外接运算放大器。其主要特性有：

① 出电流线性度可在满量程下调节。

② 转换时间为 1μs。

③ 数据输入可采用双缓冲、单缓冲或直通方式。

④ 增益温度补偿为 0.02%FS/℃。

⑤ 每次输入数字为 8 位二进制数。

⑥ 功耗 20mW。

⑦ 逻辑电平输入与 TTL 兼容。

⑧ 供电电源为单一电源，可在 5～15V 内。

（2）DAC0832 内部结构及外部引脚

DAC0832 D/A 转换器，其内部结构由一个数据寄存器、DAC 寄存器和 D/A 转换器三大部分组成。

DAC0832 内部采用 R-2R 梯形电阻网络。两个寄存器输入数据寄存器和 DAC 寄存器用以实现两次缓冲，故在输出的同时，尚可集一个数字，这就提高了转换速度。当多芯片同时工作时，可用同步信号实现各模拟量同时输出。图 7-20 为 DAC0832 的外部引脚。

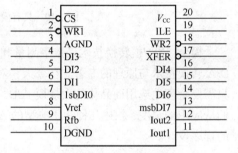

图 7-20　DAC0832 引脚图

$\overline{CS}$ 片选信号，低电平有效。与 ILE 相配合，可对写信号 $\overline{WR1}$ 是否有效起到控制作用。ILE 允许输入锁存信号，高电平有效，输入寄存器的锁存信号由 ILE、$\overline{CS}$、$\overline{WR1}$ 的逻辑组合产生。当 ILE 为高电平、$\overline{CS}$ 为低电平、$\overline{WR1}$ 输入负脉冲时，输入寄存器的锁存信号产生正脉冲。当输入寄存器的锁存信号为高电平时输入线的状态变化，输入寄存器的锁存信号的负跳变将输入在数据线上的信息打入输入锁存器。

$\overline{WR1}$ 写信号 1，低电平有效。当 $\overline{WR1}$、$\overline{CS}$、ILE 均有效时，可将数据写入 8 位输入寄存器。

$\overline{WR2}$ 写信号 2，低电平有效。当 $\overline{WR2}$ 有效时，在 $\overline{XFER}$ 传送控制信号作用下，可将锁存在输入寄存器的 8 位数据送到 DAC 寄存器。

$\overline{XFER}$ 数据传送信号，低电平有效。当 $\overline{WR2}$、$\overline{XFER}$ 均有效时，则在 DAC 寄存器的锁存信号产生正脉冲，当 DAC 寄存器的锁存信号为高电平时，DAC 寄存器的输出和输入寄存器的状态一致，DAC 寄存器的锁存信号负跳变，输入寄存器的内容打入 DAC 寄存器。

Vref：基准电源输入端，它与 DAC 内的 R-2R 梯形网络相接，Vref 可在 ±10V 范围内调节。

DI0～DI7：8 位数字量输入端，ID7 为最高位，DI0 为最低位。

Iout1：DAC 的电流输出 1，当 DAC 寄存器各位为 1 时，输出电流为最大。当 DAC 寄存器各位为 0 时，输出电流为 0。

Iout2：DAC 的电流输出 2，它使 Iout1+ Iout2 恒为一常数。一般在单极性输出时 Iout2 接地，在双极性输出时接运放（详见图 7-22）。

Rfb：反馈电阻。在 DAC0832 芯片内有一个反馈电阻，可用作外部运放的分路反馈电阻。

Vcc：电源输入线：DGND 为数字地，AGND 为模拟信号地。

4. DAC0832 和 8031 的接口

DAC0832 可工作在单、双缓冲器方式。单缓冲器方式即输入寄存器的信号和 DAC 寄存器的信号同时控制，使一个数据直接写入 DAC 寄存器。这种方式适用于只有一路模拟量输出或几路模拟量不需要同步输出的系统；双缓冲器方式，即输入寄存器的信号和 DAC 寄存器信号分开控制，这种方式适用于几个模拟量需同时输出的系统。下面我们分别讨论上述两种方式时的接口方法。

（1）单缓冲器方式

图 7-21 为具有单极性一路模拟量的 8031 系统。图中 ILE 接+5V，Iout2 接地，Iout1 输出电流经运放器 741 输出一个单极性电压范围为 0～5V。片选信号 $\overline{CS}$ 和传送信号 $\overline{XFER}$ 都连到地址线 A15，输入寄存器和 DAC 寄存器地址都可选为 7FFFH，写选通输入线 $\overline{WR1}$、$\overline{WR2}$ 都和 8031 的写信号 $\overline{WR}$ 连接，CPU 对 0832 执行一次写操作，则把一个数据直接写入 DAC 寄存器，0832 的模拟量随之变化。

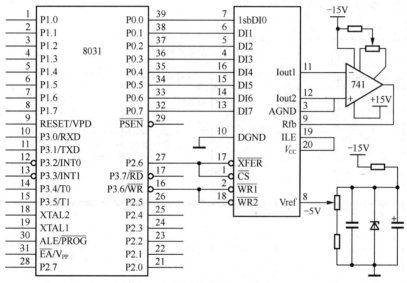

图 7-21　单极性单缓冲器电路接口图

8031 执行下面的程序，将在运放输出端得到一个锯齿波电压。

```
START:   MOV   DPTR,#7FFFH    ;0832 口地址
         MOV   A,#00H
LOOP:    MOVX  @DPTR,A        ;送数据
         INC   A
         AJMP  LOOP
```

在实际应用时，在许多场合要用双极性电压波形，这时只要将 Iout2 接地改为接入一个运放，其接口逻辑图如图 7-22 所示。运行 START 程序可在 741 输出端得到−5～+5V 的双极性锯齿波电压。

（2）双缓冲器工作方式

DAC0832 可工作于双缓冲器方式，输入寄存器的锁存信号和 DAC 寄存器的锁存信号分开控制，这种方式适用于几个模拟量需同时输出的系统，每一路模拟量输出需一个 DAC0832，构成多

个 0832 同步输出的系统。图 7-23 为二路模拟量同步输出的 0832 系统。在图 7-22 中，1#0832 输入寄存器地址为 DFFFH，2#0832 输入寄存器地址为 BFFFH，1#和 2#0832DAC 寄存器地址为 7FFFH。

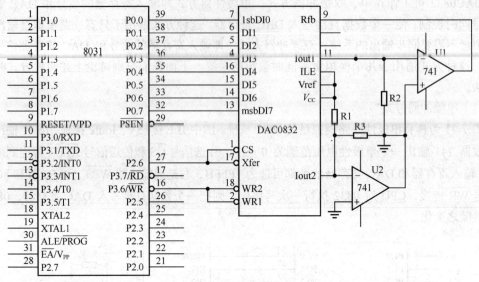

图 7-22 双极性输出

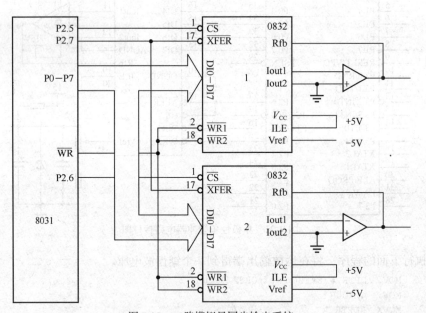

图 7-23 二路模拟量同步输出系统

8031 执行下面程序，将使图形显示器的光栅移动到一个新的位置，也可以绘制各种活动图形。

```
MOV     DPTR,    ,0DFFFH
MOV     A        ,#X
MOVX    @DPTR    ,A        ;DATA  X 写入不敶出#0832 输入寄存器
MOV     DPTR,    ,#0BFFFH
MOV     A        ,#Y
MOVX    @DPTR    ,A        ;DATA  Y 写入场#0832 输入寄存器
MOV     DPTR,    ,#7FFFH
MOVX    @DPTR    ,A        ;1#,2#输入寄存器内容同时传送到 DAC 寄存器
```

7.5.2　A/D 转换器与 8031 的接口设计

A/D 转换器能把输入的模拟信号转换成数字形式，这样微处理机能够从传感器、变送器或其他模拟信号获得信息。

因 A/D 转换器应用范围极广，故其品种及类型非常多。根据 A/D 电路的工作原理可以分为以下几大类型。

① 双积分 A/D 转换器，一般具有精度高、抗干扰性好、价格便宜等优点，但转换速度慢，广泛用于数字仪表中。

② 逐次逼近比较型 A/D 转换器，在精度、速度和价格上都适中。

③ 并行 A/D 转换器，这是一种用编码技术实现的高速 A/D 转换器。

这一小节我们讨论 ADC0809 与 80C51 的接口和程序设计方法。

1. 技术指标

（1）分辨率，通常用数字量的位数表示，如 8 位，10 位，12 位，16 分辨率等。若分辨率为 8 位，表示它可以对全量程的 $1/2^8 = 1/256$ 的增量作出反应。分辨率越高，转换时对输入量的微小变化的反应越灵敏。

（2）量程，即所能转换的电压范围，如 5V、10V 等。

（3）精度，有绝对精度和相对精度两种表示方法。常用数字量的位数作为度量绝对精度的单位，如精度为± 1/2LSB，而用百分比来表示满量程时的相对误差，如± 0.05%。注意，精度和分辨率是不同的概念。精度指的是转换后所得结果相对于实际值的准确度，而分辨指的是能对转换结果发生影响的最小输入量。分辨率很高者可能由于温度漂移、线性不良等原因而并不具有很高的精度。

（4）转换时间，对于计数比较型或双积分型的转换器而言，不同的输入幅度可能会引起转换时间的差异，在厂家给出的转换时间的指标中，它应当是最长转换时间的典型值。不同型式、不同分辨率的器件，其转换时间的长短相差很大，可为几微秒至几百毫秒。在选择器件时，要根据应用的需要和成本来具体地对这一项加以考虑，有时还要同时考虑数据传输过程中转换器件的一些结构和特点。例如有的器件虽然转换时间比较长，但是对控制信号有门锁的功能，所以在整个转换时间内并不需要外部硬件来支持它的工作，CPU 和其他硬件可以在它完成转换以前去处理别的事件而不必等待；而有的器件虽然转换时间不算太长，但是在整个转换时间内必须由外部硬件提供连续的控制信号，因而要求 CPU 处于等待状态或者要求另加硬设备来支持其工作。

（5）输出逻辑电平，多数与 TTL 电平配合。在考虑数字输出量与微型机数据总线的关系时，还要对其他一些有关问题加以考虑，如：是否要用三态逻辑输出，采用何种编码制式，是否需要对数据进行闩锁。

（6）工作温度范围，由于温度会对运算放大器和加权电阻网络等产生影响，所以只有在一定的温度范围内才能保证额定精度指标。较好的转换器件的工作温度为-40℃～85℃，较差者为 0℃～70℃。

（7）对参考电压的要求，从前面叙述过的工作原理中我们可以看到模/数转换器或数/模转换器都需要一定精度的参考电压源。因此要考虑转换器件是否要具有内部参考电压，或还是需要外接参考电源。

2. 集成 A/D 转换器——ADC0809 芯片及其接口设计

（1）集成 A/D 转换器——ADC0809

集成的 ADC0809 的 A/D 是一个八通道多路开关，单片 CMOS 模/数转换器，每个通道均能转换出 8 位数字量。它是逐次逼近比较型转换器，包括一个高阻抗斩波比较器；一个带有 256 个电阻分压器的树状开关网络；一个控制逻辑环节和八位逐次逼近数码寄存器；最后输出级有一个八位三态输出锁存器。

八个输入模拟量受多路开关地址寄存器控制，当选中某路时，该路模拟信号 Vx 进入比较器与 D/A 输出的 VR 比较，直至 VR 与 Vx 相等或达到允许误差为止，然后将对应 Vx 的数码寄存器值送三态锁存器。当 OE 有效时，便可输出对应 Vx 的八位数码。ADC0809 外部引脚示于图 7-24 中，即，IN7～IN0 八路模拟量输入端，在多路开关控制下，任一瞬间只能有一路模拟量经相应通道输入到 A/D 转换器中的比较放大器。D7～D0 为八位数据输出端，可直接接入微型机的数据总线。A、B、C 多路开关地址选择输入端，其取值 A/D 转换通道的对应关系见表 7-4。ALE 地址锁存输入线，该信号的上升沿，可将地址选择信号 A、B、C 锁入地址寄存器内。

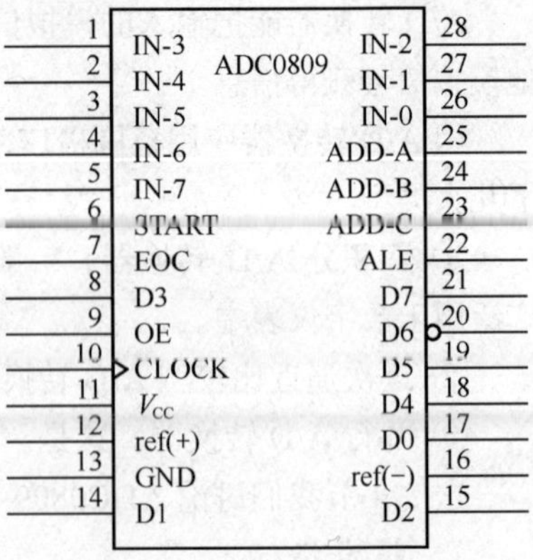

图 7-24　ADC0809 引脚图

表 7-4　　　　　　　　　　　　A、B、C 与通道的对应关系

多路开关地址线			被选中的输入通道	对应通道口地址
C	B	A		
0	0	0	IN$_0$	00H
0	0	1	IN$_1$	01H
0	1	0	IN$_2$	02H
0	1	1	IN$_3$	03H
1	0	0	IN$_4$	04H
1	0	1	IN$_5$	05H
1	1	0	IN$_6$	06H
1	1	1	IN$_7$	07H

START 启动转换输入线，其上升沿用以清除 ADC 内部寄存器，其下降沿用以启动内部控制逻辑，使之 A/D 转换器工作。

EOC 转换完毕输出线，其上跳沿表示 A/D 转换器内部已转换完毕。

OE 允许输出控制端，高电平有效。有效时能打开三态门，将八位转换后的数据送到微型机的数据总线上。

CLOCK 转换定时时钟脉冲输入端，它的频率决定了 A/D 转换器的转换速度。在此，其频率不能高于 640kHz，其对应转换速度为 100μs。

ref(+)和 ref(−)是 D/A 转换器的参考电压输入线。它们可以不与本机电源和地相连，但 ref(−) 不得为负值，ref(+)不得高于 V_{CC}，且 1/2[ref(+)+ref(−)]与 1/2V_{CC} 之差不得大于 0.1V。

V_{CC} 为+5V，GND 为地。

（2）ADC0809 与 8031 的接口方法

在实际使用中既要考虑价位又要考虑产品体积，还要考虑布线的方便合理，一般常用如下电路，见图 7-26。

图 7-25 示出了 8031 与 ADC0809 的接口逻辑。ADC0809 是带有 8:1 多路模拟开关的 8 位 A/D 转换芯片，所以它可有 8 个模拟量的输入端，由芯片的 A、B、C 三个引脚来选择模拟输入

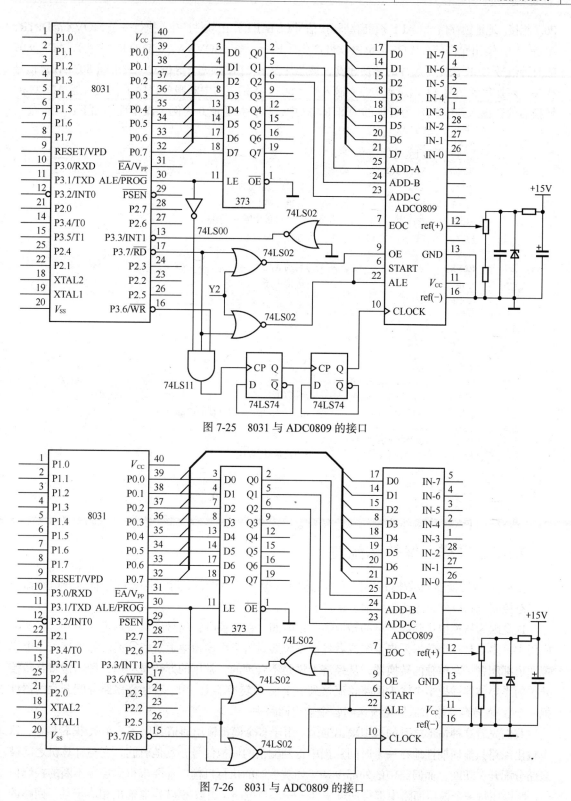

图 7-25　8031 与 ADC0809 的接口

图 7-26　8031 与 ADC0809 的接口

通道中的一个。A、B、C 三端分别与 8031 的地址总线 A0、A1、A2 相接。ADC0809 的 8 位数据
输出是带有三态缓冲器的，由输出允许信号（OE）控制，所以 8 根数据线可直接与 8031 的 P0.0～

P0.7 相接。地址锁存信号（ALE）和启动转换信号（START），由软件产生（执行一条 MOVX @DPTR, A 指令），输出允许信号（OE）也由软件产生（执行一条 MOVXA, @DPTR 指令）。ADC0809 的时钟信号 CLK 决定了芯片的转换速度，该芯片要求 CLK 频率＜640KC，故可同 8031ALE 信号相接。转换完成信号 EOC 送到 INT1 输入端，8031 在相应的中断服务程序里，读入经 ADC0809 转换后的数据送到以 30H 为首址的内部 RAM 中，以模拟通道 0 为例，操作程序如下：

```
           ORG     8013H
8013H      AJMP    SUB
           ORG     8130H
MAIN:      MOV     R0,#30H
           SETB    IT1          ;INT1 边沿触发
           SETB    EX1          ;开放 INT1 中断
           SETB    EA           ;CPU 开放中断
           MOV     DPTR,#0DFF8H  ;通道 0 口地址
           MOV     A,#00H
           MOVX    @DPTR,A      ;启动 A/D
LOOP:      NOP                  ;等待中断
           AJMP    LOOP
           ORG     8310H
SUB:       PUSH    PSW
           PUSH    ACC
           PUSH    DPL
           PUSH    DPH
           MOV     DPTR,#0DFF8H
           MOVX    A,@DPTR      ;读数据
           MOV     @R0,A        ;数存入以 30H 为首址的内部 RAM
           INC     R0
           MOV     DPTR,#0DFF8H
           MOVX    @DPTR,A      ;再次启动 A/D
           DOP     DPH
           POP     DPL
           POP     ACC
           POP     PSW
           RETI
```

7.5.3　采样、保持和滤波

仅在模/数转换器和数/模转换器还不能构成完整的接口设备，除了必要的地址选择电路命令及状态控制电路以外，还常常要加上采样、保持和滤波电路。

这是因为从模拟量到数字量的转换需一定时间，在转换时，信号应保持稳定。另外，在实际应用中，多半是一个数据采集系统或者控制系统要对若干个模拟通道进行交换。如果替每一个模拟通道都配置一套单独的转换器，从经济上说是不合理的，常用的办法是利用一种叫做多路转接开关的半导体器件把多个输入回路轮流接到一个模/数转换器上，用一种叫作多路分配开关的器件把一个数/模转换器输出信号轮流送到各个输出回路去。

我们先看这种情形之下的模拟输出通道。由于多个模拟输出通道共用了一个数/模转换器，每个输出回路只能周期性地在一个时间片当中得到输出的模拟信号，其他时间，它与计算机之间被多路分配开关切断，而回路中的外部设备（如被控制的执行机构）却要求得到连续不断的控制信号。所以在每一个模拟回路中都得加进采样——保持电路。当数/模转换器输出相应于某一回路的模拟输出信号时，该回路的采样——保持电路对此信号采样，当数/模转换器对它的输出结束时，该电路把所采的值一直保持到下一次采样为止。

对于模拟输入通道，模/数转换器本身并不要求不间断的模拟输入信号，只要保证多路转接开关接通每一个模拟输入回路的时间，即采样时间大于模/数转换器的转换时间就够了，这一点在许多工业过程控制应用中是容易满足的，在输入信号变化缓慢的情况下，在输入接口当中可不用保持电路。不过，如果输入信号相对于器件的转换时间来讲变化速度比较快的话，例如采用转换速度较慢的器件进行语声分析，那么也应有采样——保持电路以保证能准确地把给定时刻的模拟量转换成数字量。图 7-27 是采样—保持电路的原理图。K 是采样开关，由逻辑控制电路加以控制。多路转接开关本身有时可以起到采样开关作用。OA 为运算放大器，如图所示接在跟随器后，其输入阻抗极大，其阻抗值约在 $10^{11} \sim 10^{12}$ 欧量级。当采样开关闭合时，输入信号对电容器 C 充电到 Vin。采样完毕后 K 开路。由于运放输入阻抗极高可视为开路，采

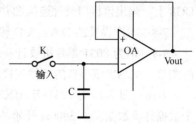

图 7-27　采样——保持电路

样电容 C 采用漏电极小的电容器（漏电阻也在 10^{12} 欧量级），电容 C 上的电荷几乎没有泄放的途径，一直保持在 Vin。经过运放跟随器，输出一个与 Vin 相同幅度的模拟信号，但这个信号具有很小的内阻（约在 10^{-3} 欧量级），可以驱动其他电路负载，这个信号一直保持到下次采样为上。

这里存在两个问题：一是在采样之后，原来连续的模拟信号被瞬间采样得到的信号所替代。这样的信号是否还包含原信号的全部信息呢？结论是肯定的，但是必须满足一定的条件，即采样频 Fs 大于原连续信号所包含的最高频率的两倍，这在信息论中叫作采样定理。例如我们要把一个最高频率为 20 千赫的信号的所有信息转换成数字量存放的内存中，则模/数转换器的采样速率必须为 40 千赫以上。第二个问题是，经过采样保持之后，信号发生了畸变。原来随时间连续变化的信号变成了阶梯状信号，这可以看作为在采样——保持过程中引入了干扰信号。这种干扰信号的基频和采样频率 Fs 是一致的。如果在整个处理过程中要求波形良好，例如在计算机语言合成系统中我们希望得到平滑的波形，则需要在采样——保持电路后面根据不同的要求加上一个适当的低通滤波器，以截除频率 Fs（以及各谐波）的采样噪声干扰。

思考题与习题

7-1　8051 单片机如何访问外部 ROM 及外部 RAM?

7-2　试用 Intel2764、6116 为 8031 单片机设计一个存在储器系统，它具有 8K EPROM（地址由 0000H～1FFFH）和 16K 的程序、数据兼用的 RAM 存储器（地址为 2000H～5FFFH）。画出该存储器系统的硬件连接图。

7-3　试用 Intel 2764、2864 为 8031 单片机设计一个存储器系统，它具有 8K EPROM（地址为 0000H～1FFFH）和 16K 的程序、数据兼用的 RAM 存储器（地址为 2000H～5FFFH）。画出硬件连接图，并指出每片芯片的地址空间。

7-4　8255A，8155，两种芯片各有几种工作方式?

7-5　试比较 8255A、8155、8279 接口芯片初始化编程的异同。

7-6　试为 8031 微机系统设计一个键盘接口（可经 8155 或 8255A）。键盘共有 12 个键（3 行 × 4 列）其中 10 个为数字键 0～9，两个为功能键 RESET 和 START。具体要求：

（1）按下数字键后，键值存入 3040H 开始的单元中（每个字节存放一个键值）。

（2）按下 RESET（复位）键后，将 PC 复位成 0000H。

（3）按下 START（启动）键后，系统开始执行用户程序（用户程序的入口地址为 4080H）。试画出该接口的硬件连接图并进行程序设计。

7-7　试为 8031 微机系统设计一个 LED 显示器接口，该显示器共有八位，从左到右分别 DG1～DG8（共阴极式），要求将内存 3080H～3087H 八个单元中的十进制数（BCD）依次显示在 DG1～DG8 上。画出该接口硬件连接图并进行接口程序设计。

7-8　本章提及的 D/A，A/D 转换器各有哪几种工作方式，分别叙述其工作原理。

7-9　请为 8031 单片机设计一个两路 D/A 接口，使该接口能在示波器上显示一个字母 "Y" 的图象。试画出该接口的硬件连接图并进行程序设计。

7-10　图 7-26 为 8031 与 ADC0809 的接口电路图，若要从该 A/D 接口通道每隔 1 秒钟读入个数据并将数据存入 3800H 开始的内存单元中，试进行程序设计。

第8章
单片机产品设计

本章讲解如何设计单片机产品，从怎样把非电量转换成计算机能接受的数字量、怎样提高产品抗干扰等问题着手，着重介绍设计和解决问题的方法。

8.1 概　　述

学习单片机最终的目的是开发出产品，下面具体讨论有关产品设计的问题。

8.1.1 单片机产品设计

微型计算机产品，一般分为两大类，一类用于科学计算、数据处理、企业管理；另一类用于过程控制。对于前一类，通常由单片机、屏幕显示器、键盘、打印机和产品所配置的产品软件所组成。后一类，是单片机用于过程控制。单片机用于控制产品的特点如下所示。

1. 控制产品的精度高。
2. 功能强。
3. 可靠性高，抗干扰能力强。
4. 产品的数据记录、处理方便。
5. 体积小、重量轻、功耗省、投资少、见效快。

因此，以单片机为核心的控制产品广泛地应用于各个领域，它将加速我国现代化的进程。下面对在设计单片机产品时需要考虑的一般问题进行讲述。

8.1.2 单片机产品设计与调试的一般原则

单片机产品的设计，由于控制对象的不同，其硬件和软件结构有很大差异，但产品设计的基本内容和主要步骤是基本相同的。

在设计单片机控制产品时，一般需要作以下几个方面的考虑。

1. 确定产品设计的任务

在进行产品设计之前，首先必须进行设计方案的调研，包括查找资料、进行调查、分析研究。要充分了解项目提出的技术要求、使用的环境状况以及技术水平。明确任务，确定产品的技术指标，包括产品必须具有哪些功能。这是产品设计的依据和出发点，它将贯穿于产品设计的全过程，也是整个研制工作成败、好坏的关键，因此必须认真做好这项工作。

2．产品方案设计

在产品设计任务和技术指标确定以后，即可进行产品的总体方案设计，一般包括以下两方面。

（1）机型及支持芯片的选择。机型选择应适合于产品的要求。设计人员可大体了解市场所能提供的构成单片机产品的功能部件，根据要求进行选择。若作为产品生产的产品，则所选的机种必须要保证有稳定、充足的货源，从可能提供的多种机型中选择最易实现技术指标的机型，如字长、指令产品、执行速度、中断功能等。如果要求研制周期短，则应选择熟悉的机种，并尽量利用现有的开发工具。

（2）综合考虑软、硬件的分工与配合。因为产品中的硬件和软件具有一定的互换性，就如有些由硬件实现的功能也可以用软件来完成，反之也一样。因此，在方案设计阶段要认真考虑软、硬件的分工与配合。考虑的原则是：软件能实现的功能尽可能由软件来实现，以简化硬件结构，还可降低成本。但必须注意：这样做势必增加软件设计的工作量。此外，由软件实现的硬件功能，其响应时间要比直接用硬件时间长，而且还占用了 CPU 的工作时间。因此，在设计产品时，必须考虑这些因素。

3．产品的硬件和软件设计

当软、硬件的分工确定后，硬件和软件的设计工作可能同时进行。但由于微机产品的硬件与软件设计关系密切，在设计过程中，还需经常取得协调，才能设计比较满意的产品。

（1）产品的硬件设计。一个产品的硬件电路设计包含两部分：一是产品扩展，即单片机内部的功能部件、如 RAM、ROM、I/O 口、定时器/计数器、中断产品等不够满足产品的要求时，必须在片外进行扩展，选择相应的芯片，实现产品扩展；二是产品配置，即按产品功能要求配置外围设备，如键盘、显示器、打印机、A/D 和 D/A 转换器等，也即要设计合适的接口电路。总的来说，硬件设计工作主要是输入、输出接口电路设计和存储器的扩展。一般的单片机产品主要有以下几部分组成，如图 8-1 所示。

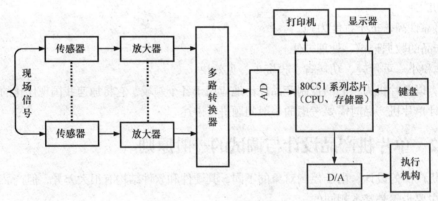

图 8-1　80C51 产品组成

传感器将现场采集的各种物理量（如温度、湿度、压力等）变成电量，经放大器放大后，送入 A/D 转换器将模拟量转换成二进制数字量，送 80C51 系列 CPU 进行处理，最后将控制信号经 D/A 转换送给受控的执行机构。为监视现场的控制一般还设有键盘及显示器，并通过打印机将控制情况如实记录下来。在有些情况下可以省掉上述组成的某些部分，这要视具体要求来设计。

单片机外接电路较多时，必须考虑其驱动能力。因为驱动能力不足会影响产品工作的可靠性，所以当我们设计的产品对 I/O 端口的负载过重时，必须考虑增加 I/O 端口的负载能力，即加接驱动器。如 P0 口需要加接双向数据总线驱动器 74LS245，P2 口接单向驱动器 74LS244 即可。

对于工作环境恶劣的产品，设计时除在每块板上要有足够的退耦电容外，每个芯片的电源与地之间加接 0.1μF 的退耦电容。电源线和接地线应该加粗些，并注意它们的走向（布线），最好沿着数据的走向。对某些应用场合，输入输出端口还要考虑加光电耦合器件，以提高产品的可靠性及抗干扰能力。

产品中选用的器件要尽可能考虑其性能匹配，如选用 CMOS 芯片的单片机构成产品，则产品中的所有芯片都应该选择低功耗的产品，以构成低功耗的产品。又如选用的晶振频率较高时，则存储芯片应选用存取速度较高的芯片。

（2）产品的软件设计。产品软件是根据产品功能要求设计的，应可靠地实现产品的各种功能。一个产品的工作程序实际上就是该产品的监控程序，对用于控制产品的应用程序，一般是用 C51 或者汇编语言编写的，编写程序时常常与输入、输出接口设计和存储器的扩展交织在一起，因此，软件设计是产品研制过程中最重要也是最困难的任务，因为它直接关系到实现产品的功能和性能。

通常在编制程序前先画出流程框图，要求框图结构清晰、简捷、合理。使编制的各功能程序实现模块化、子程序化。这不仅便于调试、链接，还便于修改和移植。合理的划分程序存储区和数据存储区，既能节省内存容量，也使操作方便。指定各模块占用 80C51 单片机的内部 RAM 中的工作寄存器和标志位（安排在 20H～2FH 位寻址区域），让各功能程序的运行状态、运行结果以及运行要求都设置状态标志以便查询，使程序的运行、控制、转移都可通过标志位的状态来控制，并还要估算子程序和中断嵌套的最大级数，用以估算程序中的栈区范围。此外，还应把使用频繁的数据缓冲器尽量设置在内部 RAM 中，以提高产品的工作速度。

完成上述工作之后，就可着手编制软件。软件的编制可借助于开发产品、利用交叉汇编屏幕编辑或手工编制。编制好的程序可通过汇编自动生成或手工汇编成目标程序，然后以十六进制代码形式送入开发产品进行软件调试。

4.　产品调试

当硬件和软件设计好后，就可以进行调试了。硬件电路检查分为两步：静态检查和动态检查。硬件的静态检查主要检查电路制作的正确性，因此，一般无需借助于开发器；动态检查是在开发产品上进行的。把开发产品的仿真头连接到产品中，代替产品的单片机，然后向开发产品输入各种诊断程序，检查产品中的各部分工作是否正常做完上述检查就可进行软硬件连调。先将各模块程序分别调试完毕，然后再进行连接，连成一个完整的产品应用软件，待一切正常后，即可将程序固化到 ROM 中，此时即可脱离开发产品，进行脱机运行，并到现场进行调试，考验产品在实际应用环境中是否能正常而可靠地工作，同时再检测其功能是否达到技术指标，如果某些功能还未达到要求，则再对产品进行修改，直至满足要求。上述产品的设计过程用框图表示如图 8-2 所示。

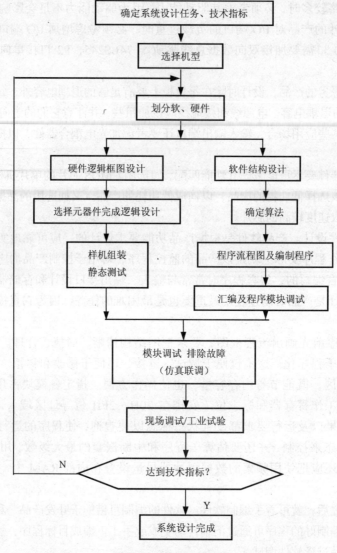

图 8-2　系统调试流程图

8.2　传感器接口电路

8.2.1　概述

在设计计算机的产品中，通常遇到大量的非电量信号，如前面所说的温度、湿度、压力、流量等。由于计算机不能直接对这些非电量信号进行控制处理，因此在进入计算机前必须对这些量加以转换，即将非电量信号转换成电量（电流或电压信号），然后经过 A/D 转换器把电流或电压信号转换成相应的数字量信号，最后才能由计算机分析处理。

本节将介绍在计算机的控制检测产品中，如何采用传感器技术，对一些常用的信号如温度、温度、压力的测量，并介绍一些有关的接口电路。

　　传感器是一种能将非电量转换成电量的器件，其种类繁多，分类方法多种多样，如按照传感器的使用分类，大致可以分为如下几种。

　　压力传感器：主要用于各种压力如对静压、动压、绝对压力、真空压力、负压及压差的测量等。

　　力传感器：有静态力、动态力以及力矩传感器等。

　　温度传感器：指各种测量温度的传感器，包括按不同温度范围划分的各种测温元件；热电阻、热电耦及各种半导体测温元件等。

　　振动传感器：包括测量振幅、速度、加速度等各种振动及冲击的传感器。

　　按使用方法分类，对使用者来说便于选取，但只强调了一个方面，因有些传感器可以同时用于测量几种被测量的物理量，如热电耦不仅能测量温度，同时也可以测量电流、真空度等。有时可以将传感器的工作原理加上它的使用范围作为传感器的名称来分类，如"应变式测力传感器"、"压力式加速度计"、"半导体温度传感器"等。

8.2.2　传感器接口电路

　　在传感器的测量电路中，最简单的形式为电桥电路，通过对一个相似元件的比较来进行测量。电桥具有两种基本的工作方式：零点检测；直接读出电压或电流差值。基本电桥电路如图 8-3 所示。只要当 R1/R4 = R2/R3 时，电桥就达到零输出状态。如果 R2/R3 的比值固定为 K，当被测物理量的大小能使 R1 = KR4 时，电桥为平衡状态，Eout 输出为零。对于大多数应用电桥电路的传感器，不但要考虑电桥的输出与被测值之间的线性关系，电桥的灵敏度，输出信号的稳定等因素。一般情况下，电桥输出不能直接被计算机所用，必须经过信号的放大、整形及经 A/D 转换后的信号才能进入计算机分析和处理。

1. 压力传感器

　　带有应变电桥的电压测量电路，一般采用应变片电桥作为压力传感器，用放大器作为应变片电桥输出信号调整电路。AD542J 场效应管作为输入级运算放大器，接成跟随器以消除对滤波器的负载。电桥的输出由一个 AD522 型集成差分放大器读出，当压力传感器的压力从 0 到 100 磅/平方英寸时，达到 0～10V 的输出电压。AD522 还可克服温度对输入电压的漂移，如环境温度变化±20℃，则最大漂移将是±120μv，小于满量程的 1%。

2. 半导体温度传感器

　　AD590 是美国模拟器件公司推出的一种温度传感器。该器件采用集成工艺制造的双端型温度传感器，在-55℃～+150℃范围内能按 1μA/K 的恒定比率输出一个与温度成正比的电流，通过对此电流的测量就可得到所需的温度值。

　　AD590 是一个电流源，流过的电流数值等于绝对温度（K）的度数，激励电压可以从+4～+30V，如图 8-4 所示。

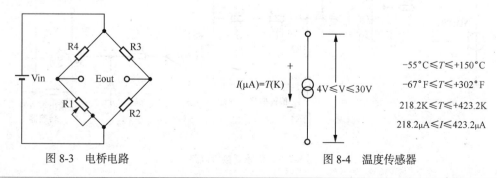

图 8-3　电桥电路　　　　　　　　　图 8-4　温度传感器

AD590 可以简单地实现远距离测温。

使用 AD590 可以很方便地构成计算机的测温控制产品，并能在各种不同温度范围内进行测量。图 8-5 是一个实用的测温电路，测温范围在 60℃内可以得到较好的精度。电路中通过对 R2 的调节，能对指定测温范围的中点温度进行校正。

A、C 两点的输出电压为毫伏级，当 AD590 置于 10℃的环境中，以 0.1℃为分度的标准监视环境温度，接通电源数分钟之后，调节 R2，使 A、C 两点的电压为（273.2+t）mV，再调节 R7，使 $V_{BC} = +273.2mV$，此电压为绝对温度（K）和摄氏温度（℃）的转换之用。

AD590 可按图 8-6 用 100 米或更长的双股线连入电路。A、B 两点的输出电压（mV）可以直接读成以℃为单位的温度值。在计算机的控制产品中可以直接利用 A、B 两点的电压值送 A/D 转换器。

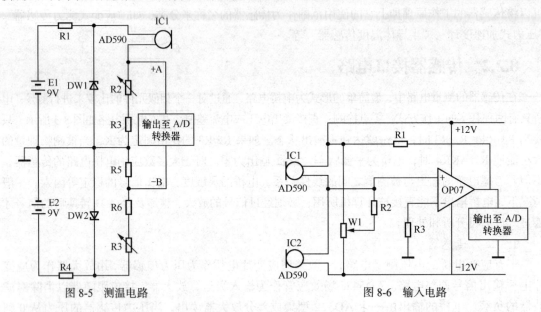

图 8-5 测温电路   图 8-6 输入电路

利用两个 AD590 器件可以容易地实现两点温差测量的差值，如图 8-6 所示。其原理为 t1，t2 两个反向电流源的叠加，得到两点温度的差值。

3. 力传感器接口电路

某些测力传感器利用一段弹簧作为敏感元件。图 8-7 所示为力传感器接口电路。电路中的力传感器为一个弹簧连到可变电阻上，其阻值的大小与施加在弹簧上的力成正比，当力从 0 增加到 20 磅，电阻从 100Ω 变到 500Ω。

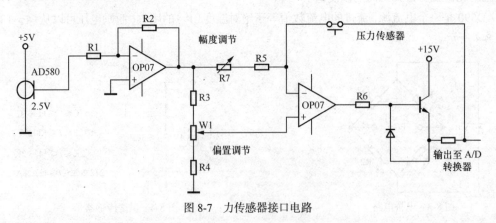

图 8-7 力传感器接口电路

可变电阻接到运算放大器（A2）的反馈回路中，而通以 5mA 的恒定电流。0～2V 的输出范围提供每伏 10 磅的数值。从 AD580 型集成参考电源输出的 2.5V 参考源取得参考电压信号，经 AD741J 运算放大器反相，输出放大器再反相一次，即得到正的输出，接入晶体管 2N2219，则可由输出放大器驱动负载。输出 Eout 为 0～2V，此输出信号送至 A/D 转换器可得到对应的数字信号。

对此电路的校正：先将输入变化到 20 磅，调至 2V 的输出幅度，然后将力减至 0 磅调节偏置到 0V，这样便完成了传感器接口电路的设计。

8.3 单片机产品的抗干扰技术

8.3.1 干扰源及其传播途径

为了保证单片机产品能够长期稳定、可靠地工作，在产品设计时必须对抗干扰能力给予足够的重视。随着各种电气设备的大量增加，致使各设备之间产生干扰的机会增多，特别是单片机产品。由于产品本身比较复杂，再加上工作环境比较恶劣（如温度和湿度高，有振动和冲击，空气中灰尘多，并含有腐蚀性气体以及电磁场的干扰等），同时还要受到使用条件（包括电源质量、运行条件、维护条件等）的影响，因而可以毫不夸张地说，当代世界的干扰如同环境污染一样，正危机着现代工业的各个方面。抗干扰方面的课题不但有许多实际问题要解决，而且有不少理论问题要探讨。

1. 干扰源

所谓干扰，就是有信号以外的噪声或造成恶劣影响的变化部分的总称。干扰产生于干扰源，主要可分为外部干扰源和内部干扰源两种。外部干扰是指那些与产品结构无关，而是由使用条件和外界环境因素决定的干扰。主要有太阳及其他天体辐射出的电磁波、广播电台或通信发射台发出的电磁波、周围的电器装置（包括交换工具、工厂和家用电器等）发出的电或磁的工频干扰也可视作外部干扰。而内部干扰则是由产品结构、布局、生产工艺等所决定的。主要有交流声、不同信号的感应，如杂散电容、长线传输造成的波的反射、多点接地造成的电位差引起的干扰、寄生振荡引起的干扰、热骚动噪声干扰、颤噪声、散粒噪声、闪变噪声、尖峰或振铃噪声引起的干扰均属于内部干扰。

2. 干扰的耦合及其传播

图 8-8 表示了噪声侵入单片机产品的基本途径，由图可见，最容易受到干扰的部位是电源、接地产品、输入和输出通道。

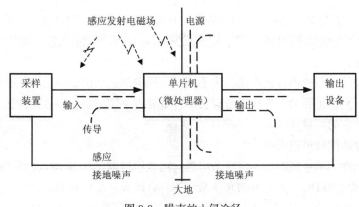

图 8-8 噪声的入侵途径

归纳起来，噪声的耦合和传播途径主要有以下几种。

（1）静电耦合方式。干扰信号通过分布电容的耦合、传播到电子装置。

（2）互感耦合方式。它是由电磁器件的漏磁通以及印刷线间和电缆间的互感作用而产生的噪声。

（3）公共阻抗耦合方式。在共用电源和公共接地时，由于电源内部及各接地点之间存在着阻抗，结果会造成电源及接地电位的偏移，它进而又影响了逻辑元件的开、关门电平，使线路工作不可靠。

（4）电磁场辐射耦合方式。无线电收发机、广播以及一般通信电波、雷达等，通过空间耦合造成干扰。

（5）传导。噪声通过电源或输入、输出、信号处理线路进行传播，是一种有线的传播方式。

（6）漏电流。印刷线路板表面、端子板表面、继电器端子间、电容器产生的漏电流以及二极管反向电流等，它们会产生干扰信号。

干扰波的无距离传播主要有电磁场传播和长线传播两个途径。总结起来，上面几种干扰途径中，电源和接地部分是最值得注意的，而空间干扰相对于其他来看，对单片机产品的影响不是主要的。

8.3.2　电源产品的抗干扰措施

现在的计算机大都使用市电（220V、50Hz）。电网的冲击、频率的波动将直接影响到实时控制产品的可靠性、稳定性。因此在计算机和市电之间必须配备稳压电源以及采取其他一些抗干扰措施。

1．供电产品一般保护措施

（1）输入电源与强电设备动力线分开

单片机产品所使用的交流电源，要同接有强电设备的动力线分开，最好从变电所单独拉一组专用供电线，或者使用一般照明电，这样可以减轻干扰影响。

（2）隔离变压器

隔离变压器的初级和次级之间均用隔离屏蔽层，用漆包线或铜等非导磁材料绕一层（但电气上不能短路），而后引一个头接地。初次级间的静电屏蔽各与初级间的零电位线相接，再用电容耦合入地，如图8-9所示。

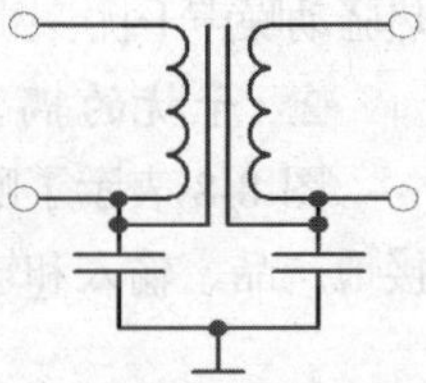

（3）低通滤波器

由谐波频谱分析可知，对于毫秒、微秒级的干扰源，其大部分为高次谐波，基波成分甚少。因此可用低通滤波器让 50Hz 的基波通过，而滤除高次谐波。

图 8-9　隔离变压器

使用滤波器要注意的是：滤波器本身要屏蔽，并保证屏蔽盒和机壳有良好的电气接触；全部导线要靠近地面布线，尽量减少耦合；滤波器的输入输出端引线必须相互隔离。

（4）交流稳压器

对于功率不大的小型或单片机产品，为了抑制电网电压起伏的影响而设置交流稳压器，这在目前的具体情况下是很重要的。选择设备时功率容量要有一定裕度，一方面保证其稳压特性，另一方面有助于维护它的可靠性。

（5）采用独立功能块单独供电

最近十几年出现的单片机产品，广泛采用独立功能块供电。在 S-100 总线（BUS）产品中，如 CPU 板、内存板、4FDC（或者 16FDC）板、TU-ATR 板、A/D 和 D/A 转换板，PRI 板等都采用每块单独设置稳压电源。它们是在每块插件板上用三端稳压集成块，如 7805、7905、7812、7815、

7824、7820 等组成稳压电源。

这种分布式独立供电方式比起来单一集中稳压方式有以下三个优点。

① 每个插件板单独对稳压过载进行保护，这样稳压器不会发生故障而使整个产品遭到破坏。

② 对于稳压器产生的热量有很大的散热空间。

③ 总线上的压降不会影响到插件本身的电压。

（6）采用专用电源电压监测集成电路

美国德州仪器公司最新推出的 ICTL7705 及 TL7700 芯片是专门用以排除电源干扰的芯片，它们不仅具有电源接通时的复位功能，并且在电源电压升到正常电压时具有解除该复位信号的功能，此外还能检测出电源瞬时短路和瞬时降压，同时能产生复位信号，如 7705CP 能正确监测出降低的电压，片内还含有温度补偿的基准电压和正负两种逻辑条引脚步，双列直插式的集成电路芯片，器件的引脚功能如图 8-10 所示。

Vref：基准电压输出端，输出电压为 2.5V。为了防止电源线所引起的冲击杂音及振荡，需要一只 0.1UF 以上的旁路电容 Ct，其输出电流必须小于 30mA。如果要使用的电流＞30mA，则该引脚的输出必须要加缓冲放大器。

$\overline{RESIN}$：复位输入端，低电平有效，它用以强制复位输出端有效。

Ct：定时电容的连接端。连接定时电容器有以确定复位输出脉冲宽度，脉宽可调范围为 100～10μs。

GND：接地端。

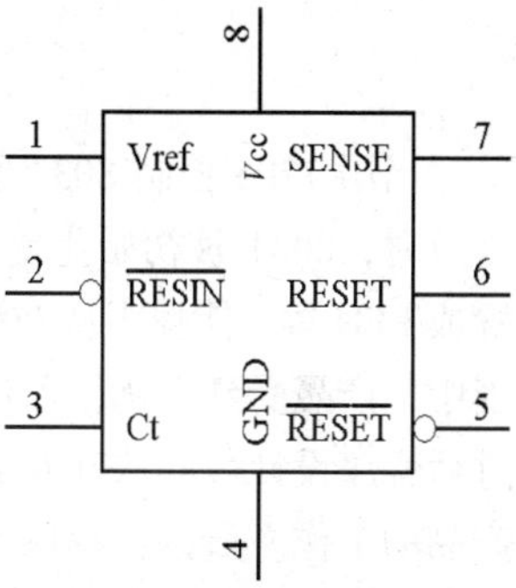

图 8-10　7705 引脚图

$\overline{RESET}$：复位输出端，低电平有效，其输出是集电极开路方式，故必须外接上拉电阻。

RESET：复位输出端，高电平有效。其输出是集电极开路的，故必须外接下拉电阻。

SENSE：被测电压的输入电压的输入端，检测 4.5V 以上的电平。

Vcc：电源端，工作电压范围 3.5～18V。

图 8-11 为该芯片用于 8031 产品中对 +5V 源监视与复位的电路，图 8-12 为电源电压的变化及输出状态的变化波形，由图可见，在电源接通、电压开始上升、瞬时电压降和瞬间干扰脉冲时，电源监测器都能正确而及时输出复位脉冲信号，图示中 Vs 为被监测电平，对 +5V 来，一般 Vs 大于 4.5V。top 为复位脉冲的宽度，可由 Ct 来设定，t_s 为反应时间，对该芯片而言约为 500ns，同时可外加 RC 延时网络来加长 t_s 时间，用以降低噪声影响和增加器件的灵敏度，上电时 RESET 有效，直到 Vcc 达到 V_s 以后，再经过 top 时间 RESET 无效，当 Vcc 下降或有干扰时，只要 Vcc 小于 V_s，经过时间 t_s 后 RESET 有效，当 Vcc 恢复到 V_s 以上或干扰脉冲过后，再经过 top 时间 RESET 变为无效。

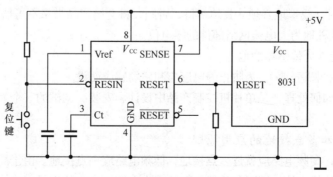

图 8-11　7705 用作电压监视及复位电路

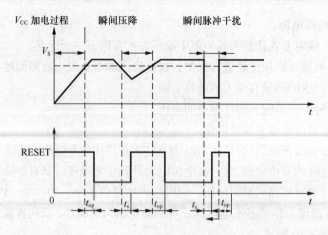

图 8-12　电源电压变化与输出状态的变化图

当用 7705 控制 8031 复位端时，如图 8-11 所示，还需软件配合才能使用，因为 8031 复位端有效时，8031 被初始化复位，使程序计数器 PC 和其余的特殊功能寄存器置零，使 P0～P3 口都置成 FFH 等，使程序从 0000H 开始执行，若 8031 正在执行某一程序（例如采样程序或控制程序）当中，产品受到干扰，器件在微秒级内便有反应，使整个产品复位，包括接口部分。待干扰脉冲过后程序设计数器从 0000H 开始执行，而并不是从原来干扰时程序断点处执行，这就破坏了整个产品的工作。所以在程序的初始化部分要加上软件开关或相应的状态标志，即在程序执行之前，首先要打开与自身有关的软件开关或置相应的状态标志，同时关掉与自身无关的软件开关或状态标志，然后再执行程序。这样做以后，当产品受到干扰而进入初始化程序时，首先判断各个软件开关和状态标志，继而程序自动转向被中断的原程序断点继续执行。

以上所列出的六项措施，经过实践证明是行之有效的，但对每个具体产品而言，还要根据实际情况来确定采取哪几项措施。

8.3.3　地线产品

在实际控制产品中，接地是抑制干扰的主要方法。在设计中如能把接地和屏蔽正确地结合起来使用，是可以解决大部分干扰问题的。因此，产品设计时，对接地方法须加以充分而全面的考虑。

计算机控制产品中，大致有以下几种地线。

1. 数字地（又叫逻辑地）。这种地作为逻辑开关网络的零电位。

2. 模拟地。这种地作为 A/D 转换前置放大器或比较器的零电位。当 A/D 转换器在录取 0～50mV 这类小信号时，模拟地必须认真地对待，否则，将会给产品带来不可估量的误差。

3. 功率地。这种地为大电流网络部件的零电位。

4. 信号地。通常为传感器的地。

5. 屏蔽地（也叫机壳地）。为防止静电感应和磁场感应而设。

上述这些地线如何处理，是单片机控制产品中设计、安装、调试的一个大问题，本节就这些问题作些分析。

1. **一点接地和多点接地的应用原则**

（1）根据常识，高频电路应就近多点接地，低频电路应一点接地。由于高频时，地线上具有电感，因而增加了地线阻抗。同时各地线之间又产生电感耦合，特别是当地线长度为 1/4 波长的奇数倍时，地线阻抗就会变得很高。这时地线变成了天线，可以向外辐射噪声信号。因此，若采用一点接地，则其地线长度不得超过 1/20 波长，否则，应采用多点接地。

（2）交流地与信号地不能共用。因为在一段电源地线的两点间会有数毫伏，甚至几伏电压。对低电平的信号电路来说，这是一个非常严重的干扰。

（3）信号地 SG 和机壳地 FG 的连接必须避免形成闭环回路。如图 8-13 所示，由于 A、B 两个装置各将 SG 和 FG 接上，因而就形成虚线所示的闭环回路。

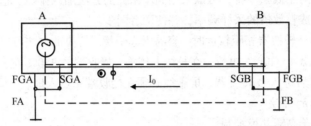

图 8-13　形成闭环回路的 SG（信号地）和 FG（机壳地）的接线方法

如果在这个闭环回路中有链接磁通φ，则闭环回路中就会感应出电压，在 SGA 和 SGB 之间便存在电位差，形成干扰信号。解决方法有：①将 SG 和 FG 断开，即把装置的公共接地点悬空。②可采用光耦合元件或变压器隔离。因为 SG 与 FG 仍连接，这样可使动作稳定。③可在 FG 和 SG 间短路，使动作稳定。对低频而言，又不会形成闭环回路。但以上各种方法的效果随装置而言，须根据具体情况决定采用何种措施效果较好。

2. 印刷线路板的地线布置

印刷线路板的地线主要指 TTL、CMOS 印刷板的接地。印刷板中的地线应成网状，而且其他布线不要形成环路，特别是环绕外周的环路，在噪声干扰上这是很值得注意的问题。

印制电路板上的接地线，根据电流通路最好逐渐加宽，并且不要小于 3mm。图 8-14 为导线宽和允许电流之间的关系。

当安装大规模集成电路芯片时，要让芯片跨越平行的地线和电源线，这样可以减少干扰。

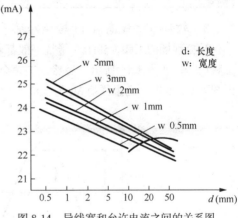

图 8-14　导线宽和允许电流之间的关系图

8.3.4　A/D 和 D/A 转换器的抗干扰措施

图 8-15 为单片机实时控制产品的示意图。由图可见，在控制产品中，连接传感器与单片机之间的 A/D 转换电路和连接单片机与执行机构之间的 D/A 转换电路是必不可少的。

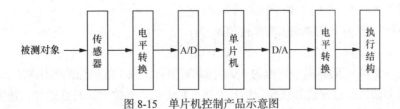

图 8-15　单片机控制产品示意图

A/D 和 D/A 转换器是一种精密的测量装置，因而在现场使用时，其首要问题就是排除干扰。下面就常态干扰和共态干扰讨论其对策。

1. 抗常态干扰的方法

（1）在常态干扰严重的场合，可以用积分式或双积分式 A/D 转换器。这样转换的是平均值，瞬间干扰和高频噪声对转换结果影响较小。因为用同一积分电路进行正反两次积分，使积分电路的非线性误差得到了补偿，所以转换精度较高，动态性能好，但转换速度较慢。

（2）低通滤波，对于低频干扰，可以采用同步采样的方法加以排除。这就要先检测出干扰的频率，然后选取与此成整数倍的采样频率，并使两者同步。

（3）传感器和 A/D 转换器相距较远时，容易引起干扰。解决的办法可以用电流传输代替电压传输。传感器直接输出 4～20mA 电流，在长线上传输。接收端并 250Ω 左右的电阻，将此电流转换成 1～5V 电压，然后送 A/D 转换器，屏蔽线必须在接收端一点入地。

2. 抗共态干扰的方法

利用屏蔽法来改善高频共模抑制。

在高频时，由于两条输入线 RC 时间常数的不平衡（串联导线电阻分布电容以及放大器内部的不平衡）会导致共模抑制的下降，当加入屏蔽防护后，此误差可以降低，同时屏蔽本身也减少了其他信号对电路的干扰耦合。

注意

屏蔽网是接在共模电压上，而不能接在地或与其他屏蔽网相连。

3. 软件方法提高 A/D 转换器抗干扰能力

被控现场的工频（50Hz）干扰一般都较大，因此，在 A/D 转换器的输入电压上常会迭加一些工频成分，如图 8-16 所示。显然，工频会直接给 A/D 转换器带来干扰，并影响 A/D 转换精度。由图可知，t_1 时刻的采样值 V_1 为：$V_1 = V0 + e$。

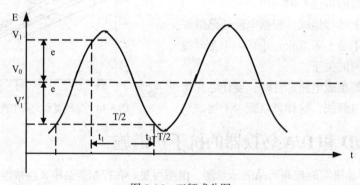

图 8-16 工频成分图

其中 e 是迭加在 V0 上的工频干扰信号的瞬时值。

T + T/2 时刻（T 为工频周期）的采样值 V_1' 为：

$$V_1 = V0 - e$$

显而易见 V1 和 V_1' 的算术平均值为 V0。因此对带有工频干扰的监测电压取样进行 A/D 转换时，可用软件方法滤除这种迭加在模拟信号上的工频干扰。具体做法是在硬件上使实时时钟频率与工频频率保持倍频且又同步的关系；在软件上响应 A/D 转换的请求时，连采样两次进行 A/D 转换，两次取样的时间间隔应是 T/2。考虑到工频的周期会有所波动，因此，连续两次取样进行 A/D 转换的操作都应与实时时钟中断处理同步，这样就可以有效地滤除工频干扰，保证 A/D 转换的精度。

对非工频的其他干扰，上述方法从原则上讲也可以采用。

8.3.5 长线传输干扰的排除

计算机实时控制产品是一个从传感器到执行机构的庞大自动控制产品。处于中央控制室的计算机不但要接收从传感器等检测仪表发来的信息，而且要将控制指令送往执行机构。由现场到主机的连接线往往长达几十米，甚至数百米。信息在长线上传输将会遇到延时、畸变、衰减和干扰等，因此在长线传输过程中，必须采取一系列有效措施，下面重点讨论。

1. 双绞线的使用

屏蔽导线对静电感应的作用比较大，但对电磁感应却不太起作用。电磁感应噪声是磁通在一来一往的导线构成的闭环路中链接产生的。因此，为了消除这种噪声，往复导线要使用双绞线，双绞线中感应电流的方向前后相反，故从整体来看，感应相互抵消了。如图 8-17 所示。

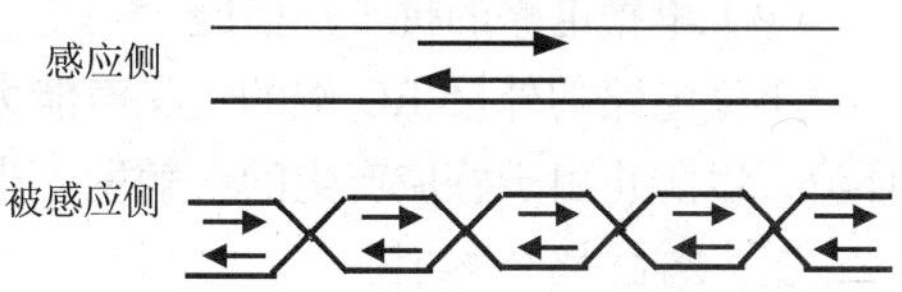

图 8-17 利用双绞线消除电磁感应噪声

2. 长线传输过程中的窜扰

很多计算机采用美观的"经纬"走线、横线和直线规则地排列，因而相邻线平等度极高，由于平行线之间存在着互感和分布电容，因此进行信息传送时会产生窜扰，影响产品的工作可靠性。如功率线、载流线与小信号线一起并行走线；电位线与脉冲线一起平行走线；电力线与信号线平行走线都会引起窜扰。消除这些窜扰的方法如下。

（1）分开走线。长线传送时，功率线、载流线和信号线分开；电位线和脉冲线分开；电力电缆必须单独走线，而且最好用屏蔽线。

（2）交叉走线。

（3）逻辑设计时要考虑消除窜扰问题。当 CPU 向外送数时，如 16 位送全"1"，数字电平信号发生负跳变将在发送控制线上产生窜扰，影响产品正常工作；同样当 16 位数据线中有 15 位为"1"，1 位为"0"时，则 15 位"1"信号将对 1 位"0"信号发生窜扰。这时可用"避"和"清"两种方法加以解决。所谓"避"就是在时间上避开窜扰脉冲；所谓"清"就是送数前先清"0"，将干扰脉冲引起的误动作先清除，然后再送命令。

8.3.6 几种元器件的抗干扰措施

1. 门电路、触发器、单稳电路的抗干扰措施

（1）对信号整形

为了保持门电路输入信号和触发器时钟脉冲的正确波形，如规定的上升时间 t_a 和下降时间 t_f，以及确保一定的脉冲宽度，如果前一级有 RC 型积分电路时，后面要用斯密特型电路整形。

（2）组件不用的输入端处理

一般有如图 8-18 所示的几种方法。图 8-18 中（a）所示的方法最简单，但增加了前级门的负担。图 8-18（b）把不用的输入端通过一个电阻接+5V，这种方法适用于慢速、多干扰的场合。图 8-18（c）利用印制电路板上多余的反相器，让其输入接地，使其输出去控制工作门不用的输入端。

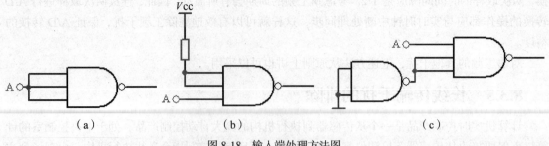

（a）　　　　　　　（b）　　　　　　　（c）

图 8-18　输入端处理方法图

（3）触发器的抗干扰措施

为防止 R-S 触发器发和误动作，往往把几个信号"与"起来作为它的输入信号。同时触发器输出端引出板外时，必须通过缓冲器隔离，而且以"非"信号传输抗干扰能力较强。

（4）单稳电路的抗干扰措施

单稳电路的外接 RC 端的抗噪声能力比输入端低得多，因此要尽量缩短这里的连线，减小闭环流，以防止由于感应产生的误触发。当接入可变电阻时，应当将电阻接在单稳电路侧。

2．光电耦合器件

光电耦合器件的应用非常广泛，概括起来可以分为两大类，一类是输入输出的隔离，避免形成地环路，这样可以任意选择接地点；其二是可以消除和抑制噪声。下面就这两方面来讨论。

（1）输入输出隔离

当光电耦合用回路的隔离方法时，线路非常简单，不必担心输入、输出的接地问题。

① 脉冲电路方面的应用。门电路将不同电位的信号加到光电耦合器上，构成简单的逻辑电路。能很方便地用于各种逻辑电路互连的输入端，并且只把信号送到输出端，而输入端的噪声不传给输出端。

② 斩波器。在测量微弱的电流时，往往用斩波放大器。如果使用机械换流器或场效应线路时，寿命短、响应速度慢，而且出现尖峰干扰，影响电路工作。若使用光电耦合器就没有这样的问题。因为光电耦合器的输入输出之间是隔离的，尖峰噪声可以去掉。

（2）消除由负载引起的噪声

用逻辑电路的信号来驱动可控硅，如图 8-19 所示负载为电感性的开关电路，用了光电耦合器，负载所产生的尖峰噪声，不会反馈到逻辑电路。

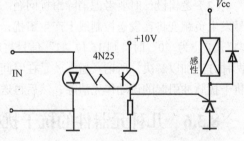

图 8-19　可控硅感性负载开关电路

3．机械触点及交、直流电路的噪声抑制

（1）机械触点的抗干扰措施

开关、按钮、继电器触点等在操作时，经常要发生抖动，如不采取措施，则会造成误动作。这类器件可采用图 8-20 所示的办法，以获得没有振荡的逻辑信号。

（2）防止电感性负载闭合、断开噪声的措施

接触器、继电器的线圈断电时，会产生很高的反电势，这不仅要损坏元件，而且成为感应噪声，可以通过电源直接侵入到单片机装置中，也可以配线间因静电感应而耦合。因此，在输入/输出通道中使用这类器件时，必须在线圈两端并接噪声抑制器。交、直流电路的噪声抑制器接法可参见图 8-21。

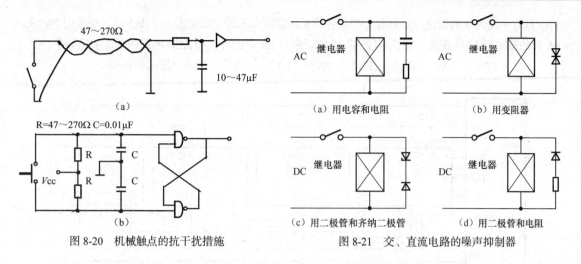

图 8-20　机械触点的抗干扰措施　　　　　　图 8-21　交、直流电路的噪声抑制器

8.4　8 位 A/D、D/A 转换产品的设计实例

在单片机的智能仪器仪表、数据采集以及实时控制产品中，被控对象往往是一些连续变化的模拟量，例如温度、压力、形变、位移、流量等。这些非电的模拟量必须通过传感器转换成电模拟量，再转换成数字量后，才能输入到计算机加工处理。有时还要求将处理结果转换成模拟量以实现对被控对象的控制，并要求通过键盘置数、显示、打印等。下面通过实例讲解产品设计。

8.4.1　产品的硬件设计

1．产品的组成

8 位 A/D、D/A 转换产品选用廉价的 8031 单片机为主机，由于其片内无程序存储器，故以其为核心，外扩 4K（8K）字节 EPROM 2732（2764）作为程序存储器，2K 字节 RAM 6116 作为数据存储器，74LS373 作为地址锁存器，8 位输入 A/D 转换器（0809），一路 D/A 转换输出（0832）和 I/O 接口芯片 8155 可编程并行 I/O 扩展接口、8255 可编程的平行口，并由 8155、8255 支持下的 8 位 LED 数字显示器、2×8 键盘输入和 PP40 打印机以实现人机通信。产品总体结构框图见图 8-22。

2．产品工作原理

主机 8031 借助于程序可启动 A/D 转换器（0809）中任一路通道进行转换工作，现设 7 通道启动工作，开始将采样输入的模拟量转换成数字量，转换完成后，向 8031 请求中断。本产品软件设计为每当 8031 响应转换中断到 255 次时，将最后一次转换所得的数据存入 RAM（6116）。同时将此数据送显示缓冲区，经 LED 显示，并送 D/A 转换器（0832）输出。还可根据需要按打印键，将内存单元中内容成批打印出来。

3．产品硬件设计

（1）显示电路。由 8155 中的 PA 口、PB 口、8 只 LED 显示器和 3 片段 07 组成显示电路。LED 选用共阴极的七段显示器，并采用动态显示原理，即由低位到高位，一位一位显示，对于每一位显示器来说，每隔一段时间点亮一次。因此，控制显示器公共阴极电位的 I/O 口只需一个，现选用 PB 口（称为扫描口）、即用 PB 口输出位选码。位选码中为 0 的位是被选中的显示位。8 位二进制代码中，每次只有一位为 0 的被选位。此外，控制各位显示器所显示的字形也需一个 I/O 口，现选用 PA 口。PA 口的输出与 LED 相连，完成"段选"功能。来自 PA 口的各位和 LED 各段的对应关系如下：

PA7　PA6　PA5　PA4　PA3　PA2　PA1　PA0　段选数据口

a　　b　　c　　d　　e　　f　　g　　h`

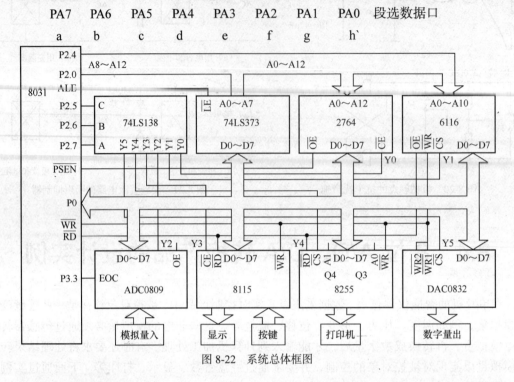

图 8-22　系统总体框图

称 PA 口为段选数据口。如果 $PAi=1$，则位选码中为 0 的位，相应段的发光管发光，反之 $PAi=0$，则相应段不发光。这样，PA 口中的段码和 PB 口中的位选码相配合就可显示相应位的数码了。其逻辑电路如图 8-23 所示。

（2）键盘电路。由 8155PA 口、PC 口和 2×8 矩阵结构形式的 16 只键组成，其中 10 只数码键、6 只功能键。产品中暂用 2 只功能键：A/D 转换键和打印键。

在键盘扫描电路中，8155 的 PA 口用作控制键扫描的列线是输出口，也称键扫描口，同时也是 8 位显示器的段选数据口。PC 口用作输入口，其中 PC0~1 接键盘的行线称键输入口。闭合键的键值确定：根据该键所在的行、列值决定。例如：闭合键 4，键 4 所在的行为第 0 行，其行首键号为 0，第 4 列，闭合键值由下式可计算得到：键值=行首键号+列号=0+4=4。

（3）A/D 转换器的选择。当前 A/D 转换电路的型号很多。但是，它们在精度、速度和价格上的差别也很大。产品中选用 0809A/D 转换器，在精度、速度和价格等方面都属中等，这对一般实时控制、数据采集产品来讲是合适的。ADC0809 有 8 个通道的模拟量输入，在程序控制下，可令任意通道进行 A/D 转换并可得到相应的 8 位二进制数字量。由于 0809 要求转换时的时钟信号频率不能高于 640kHz（当频率为 640kHz 时，转换速度约为 $100\mu s$），本产品采用 250kHz。其中与 8031 连接，如图 8-24 所示。

（4）D/A 转换器选择。选用 8 位 D/A 转换器 0832。0832 由 8 位数据输入寄存器、8 位 DAC 寄存器和 8 位 D/A 转换器三部分组成。它是电流输出型的，即将输入的数字量转换成模拟电流量输出。Iout1 与 Iout2 的和是常数，它们的值随 DAC 寄存器的内容成线性变化。但是，在单片机的产品中，往往需要电压信号输出，为此，将电流输出再通过运算放大器 μA741，即可得到转换电压输出了，如图 8-25 所示。

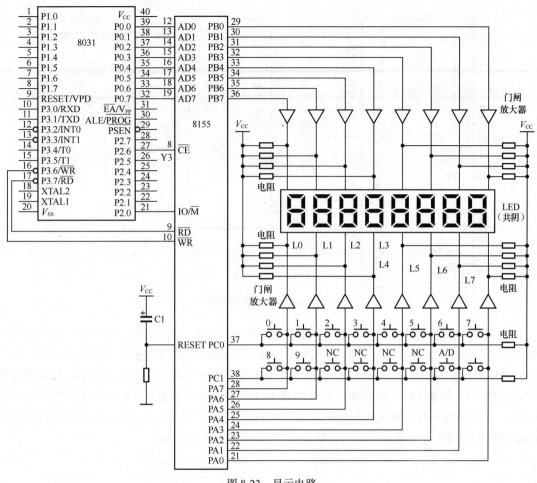

图 8-23　显示电路

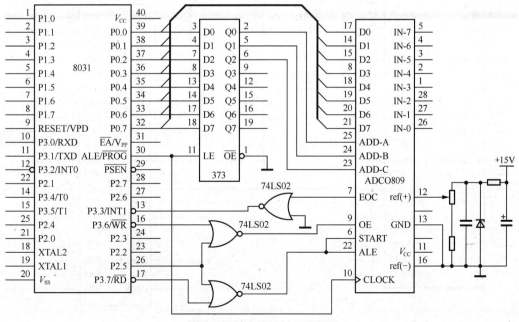

图 8-24　0809 和 8031 的连接图

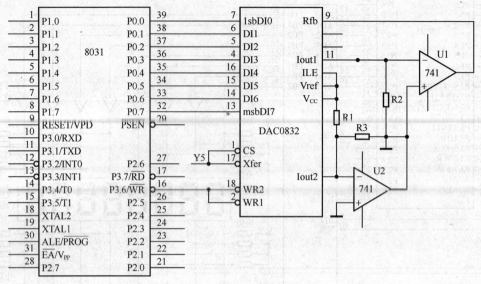

图 8-25　0832 和 8031 的连接图

（5）打印机的选择。单片机产品中，经常选用微型打印机，如 PP40、GP16 等。本产品选用 PP40 微型彩色绘图器，因其接口简单、功能强，能打印 ASCII 码字符和描绘各种彩色图案。8031 通过 8255 的 PA 口输出要打印的数据到 PP40 打印机的数据输入端，当 8031 向 PP40 输出选通信号 STR0BE 时，数据就打入到 PP40，并启动 PP40 打印机的机械装置，进行打印或绘图。当 PP40 正在打印（或描绘）时，其状态输出线 BUSY 呈高电平，空闲时输出低电平。故 BUSY 可作为中断请求线或供 CPU 查询用。PP40 打印机和 8255 连接如图 8-26 所示。

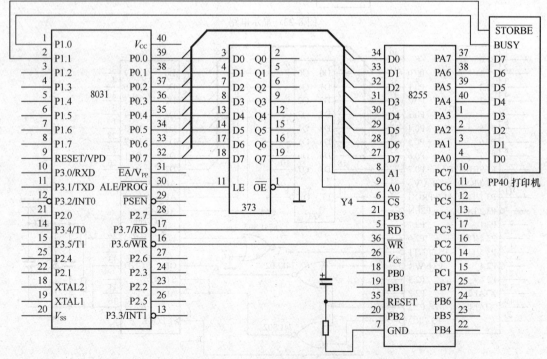

图 8-26　8255 和打印机连接图

8.4.2　产品软件设计

产品软件设计采用模块化结构。整个程序由主程序、显示、键盘扫描、A/D 转换、D/A 转换以及连接打印机打印等子程序模块组成。

8031 单片机产品中，片内、外 RAM，ROM 以及 I/O 口存储空间的地址编制是统一的，现地址分配如下。

堆栈栈顶地址设置在片内 RAM 数据缓冲区 60H。

显示缓冲区设在片内 RAM：40H～47H 单元。

6116 RAM 地址设定为 8000H～87FFH。

2764 EPROM 存储区地址为 0000H～1FFFH。

```
8155：状态口   DF00H  ：RAM  DE00H～DEFFH
       A 口    DF01H
       B 口    DF02H
       C 口    DF03H
8255：状态口   3FFFH
       A 口    3FE7H
       B 口    3FEFH（没使用）
       C 口    3FF7H（没使用）
0809：口地址   5FFFH
0832：口地址   BFFFH
```

键盘值对应的七段码列表如下：

```
0   FCH    ；8        FEH
1   60H    ；9        F6H
2   DAH    ；A（NC）   EEH
3   F2H    ；B（NC）   3EH
4   66H    ；C（NC）   9CH
5   B6H    ；D（NC）   7AH
6   BEH    ；E（A/D）键 9EH
7   EOH    ；F（打印键） 8EH
```

1．主程序

图 8-27 是主程序的流程框图。

主程序清单：

```
        ORG    8000H
MAIN: MOV    SP,#60H            ；设置堆栈
        MOV    DPTR,#0DF00H      ；8155A 口、B 口为输出
        MOV    A,#03H            ；C 口为输入方式
        MOVX   @DPTR,A
        MOV    DPTR,#3FFFH       ；8255A 口、B 口、C 口为输出方式
        MOV    A,#80H
        MOVX   @DPTR,A
        MOV    R0,#40H           ；显示缓冲区 40H～47H 清"0"
        MOV    A,#00H
ML0:  MOV    @R0,A
        INC    R0
        CJNE   R0,#48H,MLO
ML1:  MOV    R1,#40H
ML2:  ACALL  DIR               ；调用显示子程序
        ACALL  KEYI              ；调用键盘扫描子程序
```

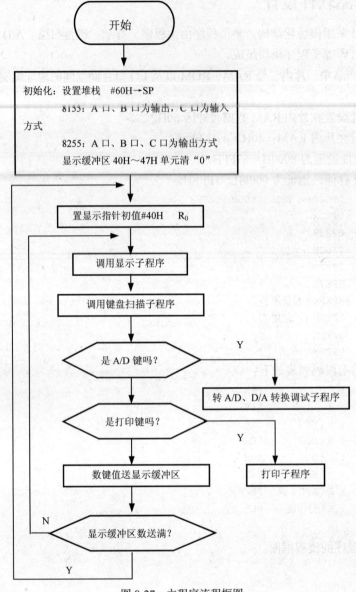

图 8-27　主程序流程框图

```
        CJNE    A,#0EH,AD1    ; 如果 A≠0EH 转 AD1
        AJMP    ONE           ; A=0EN 转 A/D、D/A 工作子程序
AD1:    CJNE    A,#0FH,AD2    ; 如果 A≠0FH 就为按数键转 AD2
        AJMP    TWO           ; 如果是打印键,转打印子程序
AD2:    ANL     A,#0FH        ; 数字键,键值送显示缓冲区
        MOV     @R1,A         ;
        INC     R1            ; 修改显示缓冲区指针
        CJNE    R1,#48H,ML2   ; 8 位显示没完,转 ML2
        AJMP    ML1
```

2. 显示子程序

程序流程框图如图 8-28 所示。

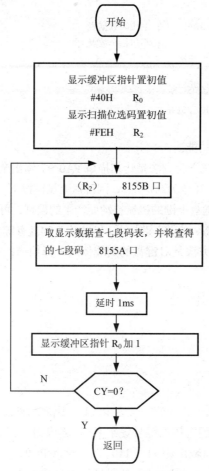

图 8-28　显示子程序流程框图

程序清单：

```
DIR:    MOV    R0,#40H          ; 置显示缓冲区指针初值
        MOV    R2,#0FEH         ; 置位选码初值送 8155B 口
        SETB   C
DIRL:   MOV    DPTR,#0DF02H
        MOV    A,R2
        MOVX   @DPTR,A
        MOV    A,@R0            ; 取显示数据
        ADD    A,#14H           ; 加偏移量
        MOVC   A,@A+PC          ; 查表取段选码
        MOV    DPTR,#0DF01H     ; 段选码→8155A 口
        MOV    @DPTR,A
        MOV    R7, 02H          ; 软件延时 1ms
DL:     MOV    R6,#0FFH
DL6:    DJNZ   R6,DL6
        DJNZ   R7,DL
        INC    R0               ; 修改显示缓冲区指针
        MOV    A,R2
        RLC    A                ; 显示字左移 1 位
        MOV    R2,A
        JC     DIRL,            ; 8 位没有显示完跳 DIRL
```

```
        RET
        DB      0FCH,60H,0DAH       ; 七段码数据表
        DB      0F2H                ; 不包括小数点
        DB      66H,0B6H,0BEH
        DB      0E0H
        DB      0F6H,0F6H,0EEH
        DB      3EH
        DB      9CH,7AH,9EH,8EH
```

3. 键盘扫描子程序

键盘扫描子程序有两方面功能。

（1）判别键盘上是否有键按下。方法是让扫描口 PA0～7 输出全 "0"，然后读 PC 口的状态，若 PC0～1 为全 "1"（键盘上行线全为高电平），则键盘上没键按下，若 PC0～1 不为全 "1"，则有键按下。但是，为了排除由于键盘上键的机械抖动而产生的误判，可以在判断到有键按下后，经软件延时一段时间再判键盘的状态，若仍有键按下，则才认为键盘有键合上，否则就认为是键的抖动。

（2）判别闭合键的键号。方法是对键盘的列线依次进行扫描，扫描口 PA0～7 依次输出。

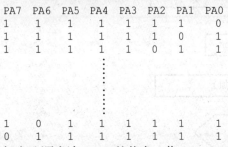

相应地顺次读 PC 口的状态，若 PC0～7 为全 "1"，则表示列线为 0 的这一列没有键闭合，否则就确认这一列上有键闭合。闭合键的键号等于 PA 口输出为 "0" 的列线号加上 PC 口输入 "0" 的行线上的首键号。例如 PA 口输出为 1111 1101 时，读入 PC0～1 为 10，则说明 1 行、6 列相交的键处于闭合状态。第 1 行的首键号为 8，列线号为 6，闭合键的键号为：键号 N=行首键号+列线号=8+6=E（即为 A/D 功能键）。

CPU 对查到的闭合处理是待闭合键释放以后再进行的。

键扫描子程序的流程图如图 8-29 所示。其中延时时间采用调用显示子程序，其优点是进入键扫描子程序后，显示器一直是亮的。

键扫描子程序：

```
KEYI:   ACALL   KS1                 ; 调用判是否有键闭合子程序
        JNZ     LK1
NI:     ACALL   DIR                 ; 调用显示子程序延时 6ms
        AJMP    KEYI
LK1:    ACALL   DIR                 ; 初判有键闭合延时 12ms, 排除误判
        ACALL   DIR
        ACALL   KS1                 ; 确有键闭合吗？
        JNZ     LK2
        AJMP    NI
LK2:    MOV     R3,#0FFH            ; 键号确定, 由行号、列号决定
        MOV     R4,#00H             ; 置列号起始值
LK4:    MOV     DPTR,#0DF01H        ; 列线扫描值送 8155A 口
        MOV     A,R3
        MOVX    @DPTR,A
        MOV     R6,#05H             ; 软件延时
DK6:    DJNZ    R6,DK6
```

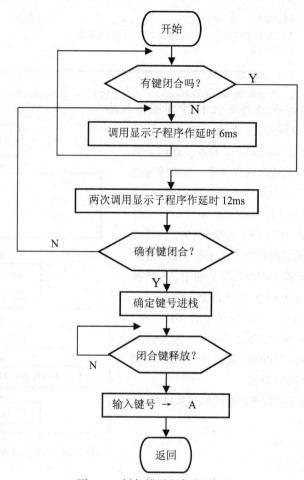

图 8-29　键扫描子程序流程框图

```
        MOV     DPTR,#0DF03H        ；读入 8155C 口状态
        MOVX    A,@DPTR
        JB      ACC.o,LONE          ；是第 1 行键?
        MOV     A,#00H              ；0 行有键闭合,首键号 0→A
        AJMP    LKP
LONE:   JB      ACC.1,NEXT          ；是第 1 行键?
        MOV     A,#08H              ；1 行有键闭合,首键号 8→A
LKP:    ADD     A,R4                ；键号计算
        PUSH    ACC                 ；键号保护进栈
LK3:    ACALL   DIR                 ；判键是否已释放?
        ACALL   KS1
        JNZ     LK3
        POP     ACC                 ；键已释放,键号出栈→A
        RET
NEXT:   INC     R4                  ；修改列号
        MOV     A,R3                ；判是否已扫描到最后一列
        JNB     ACC.7,KND
        RL      A
        MOV     R3,A
        AJMP    LK4                 ；8 列键未扫完再扫键盘
KND:    AJMP    KEYI
KSI:    MOV     DPTR,#0DF01H        ；全"0"送 8155A 口
        MOV     A,#00H
        MOVX    @DPTR,A
        MOV     R6,#05H
```

```
DS6:    DJNZ    R8,DS6
        MOV     DPTR,#0DF03H        ; 读 8155C 口键入状态
        MOVX    A,@DPTR
        COL     A
        ANL     A,#03H              ; 屏蔽高 6 位
        RET
```

4. A/D、D/A 转换子程序及 A/D 中断服务程序

当键盘扫描查到 A/D 键闭合，即转 A/D、D/A 转换子程序。本程序用以测试产品中 A/D、D/A 工作的正确性。把输入模拟量经 A/D 转换成数字量，并直接通过 D/A 转换输出模拟信号送示波器输入端，即可见到转换的真实性。产品中 0809A/D 转换器作为 8031 的一个外部中断源，因此，在启动 A/D、D/A 转换前 CPU 先开中断，并设置允许外部中断边沿触发方式请求中断，然后 CPU 才启动 0809 进入转换（现设启动 7 通道，当转换完成时，向 CPU 发外部中断请求 INT1，CPU 响应中断，但不立即采集 A/D 转换结果，而是继续启动 A/D 工作。直到连续中断响应 255 次时，CPU 才将最后一次 A/D 转换结果送片外 RAM 6116（3800H～3EFFH）存储，并将结果送 D/A 转换输出和 LED 显示。

（1）A/D、D/A 转换子程序流程框图如图 8-30 所示。

A/D、D/A 转换子程序

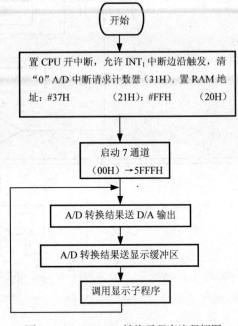

图 8-30 A/D, D/A 转换子程序流程框图

```
ONE:    MOV     31H,#00H
        MOV     20H,#0FFH
        MOV     21H,#37H
        SETB    IT1                 ; 允许 INT1 边沿触发
        NOP
        SETB    EA                  ; CPU 开中断
        NOP
        SETB    EX1                 ; 允许 INT1 中断
        NOP
        MOV     DPTR,#05FFFH        ; 启动 0809 的 7 通道
        MOV     A,#00H
        MOVX    @DPTR,A
LOOP:   MOV     DPTR,#0BFFFH        ; A/D 转换结果送 D/A 输出
        MOV     A,30H
        MOVX    @DPTR,A
        MOV     R0,#40H             ; A/D 转换结果送显示缓冲区
        MOV     A,30H
        ANL     A,#0F0H
        MOV     @R0,A
        INC     R0
        MOV     A,30H
        ANL     A,#0F0H
        SWAP    A
        MOV     @R0,A
        MOV     42H,#0EEH
        MOV     43H,#0EEH
        MOV     44H,#0DH
        MOV     45H,#0AH
        MOV     46H,#00H            ; 不显示
```

```
         MOV    47H,#00H          ; 不显示
         ACALL  DIR              ; 调显示子程序
         AJMP   LOOP
```

（2）A/D 中断服务程序流程框图见图 8-31 所示。

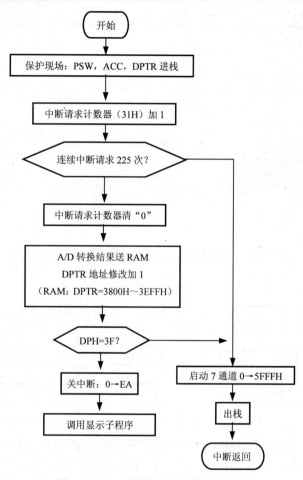

图 8-31　A/D 中断服务子程序流程框图

A/D 中断服务程序

```
PINTI:   PUSH  PSW              ; 保护现场进栈
         PUSH  ACC
         PUSH  DPL
         PUSH  DPH
         INC   31H
         MOV   A,31H            ; A/D 中断请求次数为 255 次,8031 才采集一点
         CJNE  A,#0FFH,CCT
         MOV   31H,#00H
         MOV   DPTR,#5FFFH      ; A/D 转换结果→RAM
         MOVX  A,@DPTR
         MOV   30H,A
         MOV   DPL,20H          ; 修改 RAM 地址
         MOV   DPH,21H
         INC   DPTR
         MOV   A,30H
         MOVX  @DPTR,A
         MOV   20H,DPL
         MOV   21H,DPII
```

```
          MOV   A,21H
          MOV   A,21H
          CJNE  A,#3FH,CCT   ;RAM 地址>3EFFH 关中断
          CLR   EA
          AJMP  CCE
CCT:      MOV   A,#00H       ;启动 7 通道
          MOV   DPTR,#5FFFH
          MOVX  @DPTR,A
          POP   DPH
          POP   DPL
          POP   ACC
          POP   PSW
          RETI
CCE:      MOV   42H,#0EEH
          MOV   43H,#0EEH
          MOV   44H,#0EEH
          MOV   45H,#0EEH
          MOV   46H,#00H
          MOV   47H,#00H
CCF:      ACALL DIR
          AJMP  CCF
```

5. 打印子程序

程序流程框图如图 8-32 所示。打印机驱动子程序流程框图如图 8-33。十六进制数转换成 ASCII 码程序流程如图 8-34 所示。

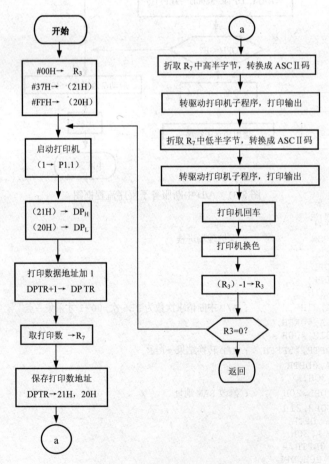

图 8-32　打印子程序流程框图

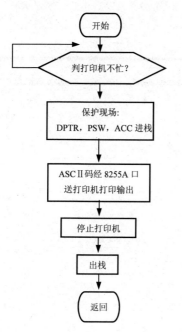

图 8-33　打印驱动子程序流程框图

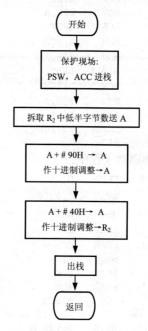

图 8-34　十六进制数转换成 ASC Ⅱ 码子程序流程框图

打印子程序：

```
TWO:    MOV     20H,#0FFH       ;将 3800H～38FFH 中内容逐个打印输出
        MOV     21H,#37H
        MOV     R3,#00H
LOK:    SETB    P1.1            ;启动打印机
        MOV     A,20H           ;#37FFH→DPTR
        MOV     82H,A
        MOV     A,21H
        MOV     83H,A
        INC     DPTR            ;地址修改
        MOVX    A,@DPTR         ;取打印数到 R7
        MOV     R7,A
        MOV     A,82H           ;保存打印数地址
        MOV     20H,A
        MOV     A,83H
        MOV     21H,A
        MOV     A,R7            ;取打印数高半字节
        ANL     A,#0F0H
        RR      A
        RR      A
        RR      A
        RR      A
        MOV     R2,A            ;打印数高半字节转换成 ASCII 码
        ACALL   ASC
        MOV     A,R2
        MOV     22H,A
        ACALL   LPST            ;转打印机驱动子程序
        MOV     A,R7            ;析取打印数低半字节转换成 ASCII 码打印输出
        ANL     A,0FH
        MOV     R2,A
        ACALL   ASC
```

```
        MOV     A,R2
        MOV     22H,A
        ACALL   LPST
        MOV     A,0DH           ; 驱动打印机回车
        MOV     22H,A
        ACALL   LPST
        MOV     A,1DH           ; 打印机驱动换色
        MOV     22H,A
        ACALL   LPST
        DJNZ    R3,LOK
        RET
```

打印驱动子程序：

```
LPST:   SETB    C               ; 1 送 CY
        ANL     C,P1.0          ; 判打印机忙吗?
        JNC     REL1            ; 不忙转
        AJMP    LPST
REL1:   PUSH    DPL
        PUSH    DPH
        PUSH    PSW
        PUSH    ACC
        MOV     A,22H
        MOV     DPTR,#0FE7H
        MOVX    @DPTR,A
        CPL     P1.1
        NOP
        NOP
        CPL     P1.1
        POP     ACC
        POP     PSW
        POP     DPH
        POP     DPH
        RET
```

十六位进制转换成 ASCII 码子程序：

```
ASC:    PUSH    PSW
        PUSH    ACC
        MOV     A,R2
        ANL     A,#0FH
        ADD     A,#90H
        DA      A
        ADDC    A,#40H
        DA      A
        MOV     R2,A
        POP     ACC
        POP     PSW
        RET
```

思考题与习题

8-1 单片机的产品设计包括哪些步骤?

8-2 本章叙述的传感器接口有哪几种?

8-3 简述产生干扰的途径，以及电源产品抗干扰的措施有哪些?

8-4 以 8031 单片机组成 8 路温度检测产品。每隔 20ms 采样一次，并把结果打印和显示（即各路信号循环显示，20ms 后刷新）。

8-5　试为 8031 单片机设计一个自动管理交通信号灯产品。设在一个十字路口的两个路口均有一组交通信号灯（红、黄、绿），控制要求：

主干线绿灯亮时间为 30 秒，然后转为黄灯亮，2 秒后即转为红灯亮。

支干线当主干线绿灯和黄灯亮时，其为红灯亮，直到主干线黄灯熄时才转为绿灯亮。其绿灯亮的持续时间为 20 秒，然后黄灯亮 2 秒即转为红灯。如此反复控制。

［1］蔡美琴，张为民，何金儿等. MCS-51 系列单片机系统及其应用［M］. 北京：高等教育出版社，2004.

［2］李全利. 单片机原理及接口技术［M］. 北京：高等教育出版社，2009.

［3］杨居义. 单片机原理与工程应用［M］. 北京：清华大学出版社，2009.

［4］霍孟友. 单片机原理与应用［M］. 北京：机械工业出版社，2004.

［5］I.Scott MacKenzie. 8051 微控制器教程. 方承志，姜田译［M］. 北京：清华大学出版社，2005.

［6］张迎新. 单片机初级教程—单片机基础［M］. 北京：北京航空航天大学出版社，2006.

［7］何立民. 单片机高级教程—应用与设计［M］. 北京：北京航空航天大学出版社，2007.

［8］李建忠. 单片机原理及应用［M］. 西安：西安电子科技大学出版社，2008.

［9］胡锦，蔡谷明，梁先宇. 单片机技术实用教程［M］. 北京：高等教育出版社，2006.

［10］李华，孙晓民，李红青等. MCS-51 系列单片机实用接口技术［M］. 北京：北京航空航天大学出版社，2003.

［11］潘永雄. 新编单片机原理与应用［M］. 西安：西安电子科技大学出版社，2003.

［12］李朝青. 单片机原理及接口技术［M］. 北京：北京航空航天大学出版社，2005.

［13］柴钰. 单片机原理及应用［M］. 西安：西安电子科技大学出版社，2009.

［14］沈红卫. 单片机应用系统设计实例与分析［M］. 北京：北京航空航天大学出版社，2003.

［15］李广弟. 单片机基础［M］. 北京：北京航空航天大学出版社，2001.

［16］李强. 51 系列单片机应用软件编程技术［M］. 北京：北京航空航天大学出版社，2009.

［17］楼然苗. 51 系列单片机设计实例［M］. 北京：北京航空航天大学出版社，2003.

［18］曹巧媛. 单片机原理及应用［M］. 北京：电子工业出版社，,2002.

［19］周航慈. 单片机应用程序设计技术［M］. 北京：北京航天航空大学出版社，2002.

［20］刘守义. 单片机应用技术［M］. 西安：西安电子科技大学出版社，2002.

［21］黄健. 单片机原理与应用［M］. 西安：西北工业大学出版社，2008.

［22］杜志强，魏秉国. 单片机原理及应用［M］. 郑州：郑州大学出版社，2008.

［23］王文杰，徐文斌，王庆云等. 单片机应用技术［M］. 北京：冶金工业出版社，2008.

［24］许志刚. 单片机技术与应用［M］. 北京：人民邮电出版社，2009.

［25］吴晓苏，张中明. 单片机原理与接口技术［M］. 北京：人民邮电出版社，2009.

［26］周明德. 单片机原理与技术［M］. 北京：人民邮电出版社，2008.

［27］李林功，吴飞青，王兵等. 单片机原理与应用［M］. 北京：机械工业出版社，2008.

［28］喻宗泉，喻晗，李建民. 单片机原理与应用技术［M］. 西安：西安电子科技大学出版社，2006.

［29］张淑清，姜万录，李志全等. 单片微型计算机接口技术及其应用［M］. 北京：国防工业出版社，2001.

［30］雷思孝，冯育长. 单片机系统设计及工程应用［M］. 西安：西安电子科技大学出版社，2005.